"中国森林生态系统连续观测与清查及绿色核算"系列丛书

王 兵 ■ 主编

# 上海市森林生态连清体系
# 监测布局与网络建设研究

高翔伟 戴咏梅 韩玉洁 刘祖英
牛 香 刘春江 殷 杉 王 兵 等 ■ 著

中国林业出版社

**图书在版编目(CIP)数据**

上海市森林生态连清体系监测布局与网络建设研究 / 高翔伟等著.
-- 北京:中国林业出版社, 2016.12
ISBN 978-7-5038-8890-8

Ⅰ.①上… Ⅱ.①高… Ⅲ.①森林生态系统－研究－上海 Ⅳ.①S718.55

中国版本图书馆CIP数据核字(2016)第325903号

中国林业出版社·科技出版分社
**策划、责任编辑:** 于界芬 于晓文

| | | |
|---|---|---|
| **出版发行** | 中国林业出版社 | |
| | (100009 北京西城区德内大街刘海胡同 7 号) | |
| **网 址** | www.lycb.forestry.gov.cn | |
| **电 话** | (010) 83143542 | |
| **印 刷** | 北京卡乐富印刷有限公司 | |
| **版 次** | 2016 年 12 月第 1 版 | |
| **印 次** | 2016 年 12 月第 1 次 | |
| **开 本** | 889mm×1194mm 1/16 | |
| **印 张** | 11.25 | |
| **字 数** | 239 千字 | |
| **定 价** | 98.00 元 | |

# 《上海市森林生态连清体系监测布局与网络建设研究》
# 著 者 名 单

项目完成单位：

上海市绿化和市容管理局

上海市林业总站

中国森林生态系统定位观测研究网络（CFERN）

中国林业科学研究院

上海交通大学

华东师范大学

项目首席科学家：

王 兵 中国林业科学研究院研究员、博士生导师

主任委员：

陆月星 上海市绿化和市容管理局局长

副主任委员：

唐家富 上海市绿化和市容管理局总工程师

顾晓君 上海市绿化和市容管理局副局长

夏颖彪 上海市绿化和市容管理局巡视员

钱 杰 上海市绿化和市容管理局科技信息处处长

朱建华 上海市绿化和市容管理局林业处处长

项目组成员：

戴咏梅　高翔伟　韩玉洁　刘祖英　牛　香　彭　志　殷　杉

李　琦　黄　丹　薛春燕　蒋丽秀　孙　文　宋　坤　刘春江

达良俊　张文文　宋庆丰　陶玉柱　黄龙生　魏文俊　高志强

王　慧　丛日征　付　晗　刘胜涛　高瑶瑶　丁访军　潘勇军
任晓旭　俞社保　薛沛沛　姜　艳　潘士华　王文进　吴　瑾
谈文琦　吴云昌　梅国春　吴昌田　王　棚　石　杨　穆海振
李　军　周　宇　金惠宇　杨婉亚　薄顺奇　申广荣　康宏樟
王　丹　郭　慧　王晓燕　房瑶瑶　师贺雄　张维康　王雪松
周　梅　鲁绍伟　李少宁　陈　波　高　鹏　邢聪聪　刘群录
朱鹏华　龚晓峰　沈　洁　顾国林　蔡　锋　邵文慧　宋咏梅
丁俊花　于　斐　张瑜俊　王佳倩　唐国良　张于卉　张岳峰
朱彬彬

# 前　言

　　建设生态文明，是关系人民福祉、关乎民族未来的长远大计。党的十八大作出了把生态文明建设放在突出地位，纳入中国特色社会主义事业"五位一体"总布局的战略决策，十八届三中全会提出加快建立系统完整的生态文明制度体系，十八届四中全会要求用严格的法律制度保护生态环境。中共中央、国务院印发《关于加快推进生态文明建设的意见》中，要求充分认识加快推进生态文明建设的极端重要性和紧迫性，切实增强责任感和使命感，牢固树立尊重自然、顺应自然、保护自然的理念，坚持绿水青山就是金山银山。这既是落实全会精神的重要举措，也是基于我国国情作出的战略部署。

　　随着全球生态环境的恶化，生态学研究的问题越来越趋于复杂化和综合化，研究对象的时空尺度也越来越大。为解决人类面临的一系列资源、环境和生态系统方面的问题，一批区域、国家和全球性的森林生态系统观测研究网络应运而生，并取得了许多重要成果，为生态学、环境科学、全球气候变化与影响、可持续发展等重要理论和实践问题提供了丰富的基础数据。

　　中国生态系统定位观测起步较晚。为了揭示陆地生态系统结构与功能，从20世纪50年代末至60年代初，我国开始建设陆地生态系统定位研究站（以下简称生态站）。经过几十年的发展，目前中国开展生态系统定位观测研究的网络主要有两个：国家林业局下属的国家陆地生态系统定位观测研究站网（CTERN）和中国科学院下属的中国生态系统研究网络（CERN）。中国的森林空间跨度大，立地条件丰富，森林生态系统类型多样且复杂，对于国家尺度上森林生态系统服务的科学评估，是一项极其复杂而又巨大的工程。由于缺乏森林生态系统定位观测的标准体系，生态站建设和定位观测研究水平参差不齐，亟需建立一整套的技术体系和评价方法，并以长期定位观测数据为依托，作为森林生态系统服务功能评估的基础和指南。森林生态效益监测与评估首席科学家、森林生态连清技术体系的提出者与设计师王兵研究员带领的科研团队，制定了森林生态站建设、观测指标、观测方法、数据管理及数据应用等一系列标准，顺应了林业标准化体系发展的需求，规范了森林生态站的建设和观测研究，全面提升了森林生态站建设和观测研究水平；同时，森林生态连清技术体系的提出与应用，解决了当今重大生态工程评估工作面临的瓶颈问题。

目前，我们面临城市大气污染严重、城市游憩空间和景观不足、自然生态环境匮乏等环境问题。城市森林是城市社会经济和环境可持续发展的绿色基础设施，是建设宜居城市的重要保障，对我国城市化健康发展、生态文明和美丽中国建设具有重要意义。城市森林生态系统与人类的关系最为密切，在净化大气、旅游休憩等方面为人类的生活和生产提供了高效的生态服务。因而，城市森林是生态功能与生态服务的高效转化器。

上海地处长江入海口，南濒杭州湾，与江苏、浙江两省相接，是一个土地面积6340平方千米，常住人口2415多万人的特大型城市。上海社会经济发达、人口密集、工业规模大，但是生态空间匮乏且分布不均，环境容量和资源承载力有限，对森林生态系统服务和产品需求强烈。改革开放以来，上海城乡一体化进程加速，市政府积极推进生态文明建设，全面实践城市森林理念，在几乎没有天然森林资源的薄弱基础上大力实施人工造林，森林覆盖率从3%增加到15.03%，初步形成了城市森林生态体系，完善了城市森林长效管理机制，发挥了城市森林生态系统服务功能。上海林业呈现出了"三小三大"的特点："小林业大作为，小功能大服务，小团队大协作"。同时，上海城市森林建设也面临着诸如生态空间网络不够健全、土地资源约束生态发展等挑战。上海不仅应进一步提高森林质量和面积，而且应从提升森林生态系统服务转化率的角度着手，不断提高现有森林的生态服务功能总价值，加强现有森林资源的开发利用，大力建设森林公园和森林游憩场所，让市民生活与森林生态系统服务紧密结合。

为了提升上海城市森林生态系统服务转化率，必先掌握上海城市森林生态系统的基础监测数据，因此，上海市林业局2015年启动了"上海森林生态系统定位观测网络布局研究"项目。上海市林业总站为项目承担单位，国家林业局森林生态系统定位观测研究网络（CFERN）为技术依托，上海交通大学、华东师范大学为参与单位。根据上海自然、社会环境及森林资源特点，将上海划分为4个生态区（中心城区、西部湖沼平原区、东部滨海平原区和河口三角洲）；基于ArcGIS空间分析方法，以上海市地貌指标、土壤指标、植被指标、生态规划指标和城市转化率指标为基础分类依据，按照布局原则，通过图层叠加分析，采取典型抽样的方法，布设12个森林生态系统定位观测研究站（以下简称森林生态站）。其中，中心城区布设 3 个森林生态站（中山公园森林生态站、共青森林生态站、金海森林生态站），西部湖沼平原区布设 3 个森林生态站（叶榭森林生态站、佘山森林生态站、拦路港森林生态站），东部滨海平原区布设 5 个森林生态站（金山石化森林生态站、海湾森林生态站、浦江森林生态站、老港森林生态站、安亭森林生态站），河口三角洲布设 1 个森林生态站（东平森林生态站），形成上海城市森林生态连清体系监测网络。

本书充分反映了上海城市森林建设成果，为在市域尺度上构建一个观测站布局合理、观测技术先进、信息处理和发布设施完善的森林生态连清体系监测网络奠定了基础。该监测网络将为居民生活游憩提供环境信息服务，促进生态型宜居城市建设；全面监测城市森林生态系统特性和过程变化，积累长期动态变化基础数据；构建城市森林和生态环境研究平台，提升城市林业研究水平；全面监测森林生态系统服务功能，为森林生态连清提供科学有效数据支撑；向广大市民群众开展科普教育，促进生态文明建设。

编 者
2016 年 10 月

# 目 录

# 第一章
# 研究背景

## 第一节　国际陆地生态系统定位观测网络布局及研究进展

### 一、国际陆地生态系统定位观测网络建设研究进展

生态系统作为地球生命支持系统，提供着多种生态系统服务和人类福祉（Constanza et al., 1997; Daily, 1997; Kumar et al., 2005）。为解决日益复杂化和复合化的生态环境问题，科学地认识和管理生态系统，世界上许多国家已对重要的生态系统开展了长期定位观测，并取得了许多重要成果，为解决生态学、环境科学、全球气候变化与影响、可持续发展等重要理论和实践问题提供了丰富的基础数据。

> 　　长期定位观测是在特定区域或生态系统分布区建立长期观测研究设施，用于对自然状态或人为干扰下生态系统的动态变化格局与过程进行长期监测（蒋有绪，2013）。

通过长期定位观测，能够识别和剔除生态环境短期波动带来的不确定性，研究生态系统发生、发展、演替的内在规律和变化机制，揭示生态系统的周期性规律，为生态环境管理及调控提供支持，是研究和了解生态系统性质、过程、对环境变化响应及其机制的重要手段（傅伯杰等，2002）。

最早的长期定位试验的研究始于 1843 年，即英国洛桑试验站（Rothamsted Experimental Station）开展的土壤肥力与肥料效益长期定位试验，至今已持续 170 余年（王兵等，2004）。最早开展森林生态系统定位观测研究的是美国 Laguillo 试验站，于 1939 年开始对美国南方热带雨林生态系统结构和功能进行研究。20 世纪初，苏联、澳大利亚、美国、加拿大等国家相继开展了湿地、荒漠、草地等生态系统的定位研究。在此之后，由单独台站联合形成

的生态系统定位观测网络逐渐形成。在一个国家或地区，系统建立观测站，构建定位观测网络，是今后开展陆地生态系统研究的趋势。

20世纪50年代以后，特别是1992年联合国环境与发展大会以后，随着全球生态环境问题的日益严重，为了解决人类所面临的资源锐减、环境污染和生态系统安全等问题，生态系统观测研究网络发展迅速。一些国家地区、国际组织和国际合作项目相继建立了国家、区域乃至全球性尺度上的长期定位观测研究网络（表1-1），用以开展生态系统在人类和自然双重影响下的演变机理和过程研究（傅伯杰等，2007）。在全球尺度上，相继成立了全球陆地观测系统（GTOS）、全球气候观测系统（GCOS）、全球海洋观测系统（GOOS）和国际长期生态学研究网络（ILTER）等（Waider R et al., 1988）；在区域尺度上，有欧洲森林大气污染影响监测（ICP Forest）（Stefan et al., 2000）、亚洲通量观测网络（Asia Flux）等；在国家尺度上，主要有美国长期生态学研究网络（US-LTER）、美国国家生态观测网络

**表1-1 国内外主要生态系统观测研究网络**

| 序号 | 网络名称 | 简称 | 所属国家地区或组织 |
|---|---|---|---|
| 1 | 联合国陆地生态系统监测网络 | TEMS | 联合国环境组织 |
| 2 | 美国长期生态学研究网络 | US-LTER | 美国 |
| 3 | 美国国家生态观测网络 | NEON | 美国 |
| 4 | 英国环境变化网络 | ECN | 英国 |
| 5 | 加拿大生态监测和评估网络 | EMN | 加拿大 |
| 6 | 哥斯达黎加长期生态学研究网络 | CRLETR | 哥斯达黎加 |
| 7 | 捷克长期生态学研究项目 | CLTER | 捷克 |
| 8 | 匈牙利长期生态学研究网络 | HTER | 匈牙利 |
| 9 | 波兰长期生态学研究网络 | PLTER | 波兰 |
| 10 | 韩国长期生态学研究网络 | KLTERN | 韩国 |
| 11 | 巴西长期生态学研究网络 | BLTER | 巴西 |
| 12 | 墨西哥长期生态学研究网络 | MLTERN | 墨西哥 |
| 13 | 委内瑞拉长期生态学研究网络 | VLTERN | 委内瑞拉 |
| 14 | 乌拉圭长期生态学研究网络 | ULTERN | 乌拉圭 |
| 15 | 中国生态系统研究网络 | CERN | 中国 |
| 16 | 中国森林生态系统研究网络 | CFERN | 中国 |
| 17 | 瑞士森林生态系统观测网络 | SFEON | 瑞士 |
| 18 | 中国台湾长期生态学研究网络 | TERN | 中国台湾 |

National Ecological Observatory Network（NEON）、英国环境变化研究网络（ECN）、加拿大生态监测与分析网络(EMAN)等。观测研究对象几乎囊括了地球表面的所有生态系统类型，涵盖了包括极地在内的不同区域和气候带。其中，美国长期生态学计划网络（US-LTER）和英国环境变化监测网络（ECN）在国际上最为著名，取得了一系列重要成果，并在国家资源、环境管理政策的制定和实施方面得到应用。

US-LTER 建于 1980 年，是世界上建立最早、覆盖生态系统类型最多的国家长期生态研究网络，由代表森林、草原、农田、湖泊、海岸、极地冻原、荒漠和城市生态系统类型的 26 个站点组成。监测指标体系囊括了生态系统各类要素，包括生物种类、植被、水文、气象、土壤、降雨、地表水、人类活动、土地利用、管理政策等（National Science Foundation, 2016）。主要研究内容包括：①生态系统初级生产力格局；②种群营养结构的时空分布特点；③地表及沉积物有机物质聚集的格局与控制；④无机物及养分在土壤、地表水及地下水间的运移格局；⑤干扰的模式和频率（Vihervaar et al., 2013）。US-LTER 的突出特点是注重观测的标准化，制订了有效度量标准，实施标准化测量，如《长期生态学研究中的土壤标准方法》《初级生产力监测原理与标准》《环境抽样的 ASTM 标准》《生物多样性的测量与监测：哺乳动物的标准方法》等，同时也非常注重监测数据的规范化共享（丁访军，2011）。在US-LTER 基础上，2000 年美国国家科学基金会（NSF）提出建立"美国国家生态观测站网络（NEON）"的设想，目标是针对美国国家层面所面临的重大环境问题，利用最先进的仪器和装备，在区域至大陆尺度上开展生态系统的观测、研究、试验和综合分析；在组成结构上，先按照植被分区图划分为 17 个区域网络，每个区域网络由 1 个核心站和若干卫星站构成；17 个区域网络组成国家网络（赵士洞，2005）。

ECN 建立于 1992 年，1993 年开始陆地生态系统监测，1994 年起开始监测淡水生态系统（The Natural Environment Research Council, 2016），见图 1-1。该网络由 12 个陆地生态系统监测站和 45 个淡水生态系统监测站组成（包括河流站点 29 个、湖泊站点 16 个），覆盖了英国主要环境梯度和生态系统类型。其突出特点是非常重视监测工作，对所有监测指标都制定了标准的 ECN 测定方法，同时也形成了非常严格的数据质控体系，包括数据格式、数据精度要求、丢失数据处理、数据可靠性检验等。所有监测数据都建立中央数据库系统进行集中管理、共享。在监测指标上，ECN 不追求监测生态系统全部要素指标，而是根据自然生态系统类型和特点来确定监测指标体系。如陆地生态系统监测指标在类型上包括气象（自动气象站 13 项、标准气象站 14 项）、空气（二氧化氮）、降水（14 项）、地表水（15 项）、土壤（15 项）、脊椎和无脊椎动物、植被类型与土地利用变化；淡水生态系统监测指标在类型上有地表水（34 项）、地表径流量、浮游植物（种类、丰富度、叶绿素 a）、大型水生植物（种类和丰富度）、浮游动物（种类和丰富度）、大型无脊椎动物（种类、丰富度、畸形程度）等（Dick et al., 2016）。

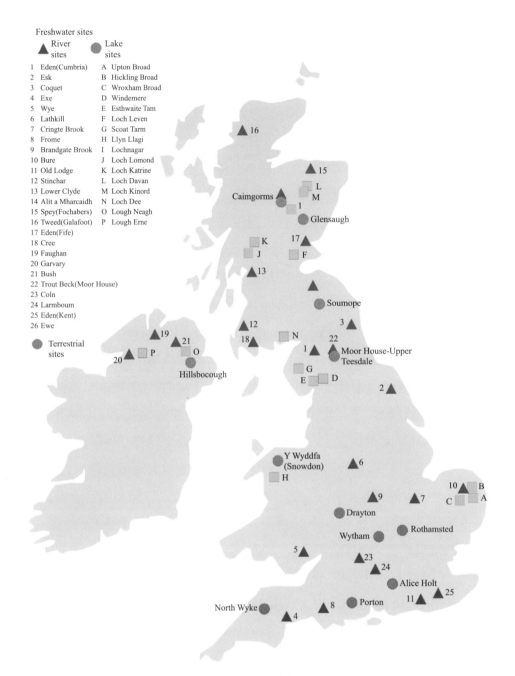

图 1-1　ECN 站点布设

## 二、国际生态系统定位观测网络建设进展

森林生态系统长期定位观测台站布局中的典型抽样技术，需根据待布局区域的气候和森林生态系统系统特点，结合台站布局特点和布局体系原则，根据台站观测要求，选择典型的、具有代表性的区域完成台站布局，构建森林生态系统长期定位观测网络。

就国际上现有的生态系统定位观测网络而言，多数网络是由单独台站发展并合作而产生，并非根据不同尺度和不同需求从整体进行布局；因而时常出现台站隶属于不同的部门进行管理和数据采集，造成数据之间具有较大差异。因此，根据网络观测目的，对台站进行合理规划布局，从而在整体上对网络进行规划，是目前网络建设的发展方向，也是构建生态系统长期定位观测网络必须解决的问题。

在众多网络中，美国于 2000 年在国家科学基金会（NSF）的支持下建立了美国国家生态观测网络（NEON），其布局体现了典型抽样的思想，对在国家或区域尺度上建立生态系统观测网络的布局具有一定的借鉴意义。

NEON 是通过在典型的能够反映美国客观环境变化的区域布设观测网络来实现的 (Senkowsky, 2003)。它包含 20 个生物气候区，覆盖相连的 48 个州，以及阿拉斯加、夏威夷和波多黎各。每个区域代表一个独特的植被、地形、气候和生态系统 (Carpenter et al., 1999)。区域边界依据统计多元地理聚类法（MGC）确定 (Hargrove and Hoffman, 1999; Hargrove and Hoffman, 2004)，数据由橡树岭国家实验室 William 和 Forrest Hoffman 提供。NEON 由 2 个层次构成，第 1 层为一级区域网络，根据 MGC 将全国划分为 20 个区域，每个区域内由研究机构、实验室和野外观测站组成 20 个区域网络；第 2 个层次是由一级区域网络组成的国家网络 (Committee on the National Ecological Observatory Network, 2004; 赵士洞，2005)，具体结果见图 1-2，表 1-2。NEON 用来确定分区的分析结果，为遴选 NEON 的核心站点提供了重要的

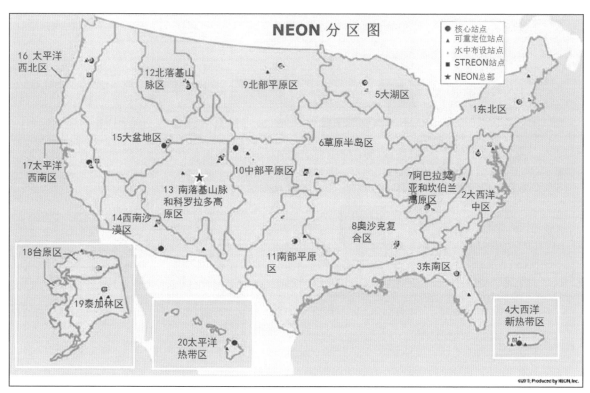

图 1-2　NEON 的 20 个分区及核心站点、可重新定位站点、水中布设站点和
STREON 站点位置（来源：Schimel et al., 2012）

标准（表1-3），这些站点将构成系统的长期观测基准。同时，它们也是用于研究气候变化影响的主要站点，以及研究导致生态变化和胁迫力的其他因素的参照站点。

　　通过计算每个分区的质心与每个潜在站点之间生态气候空间内的生态距离，NEON 对科学界所提出的各个分区内的潜在核心站点状况进行了评估。NEON 通过确定潜在站点的位置，并与生态气候数据栅格对应，确保所遴选的站点按照定量比较结果在该分区内最有代表性。此外，NEON 依据一系列标准（表1-3）对这些站点进行了评估，将每个分区最具代表性的站点确定为核心站点（Keller, 2008）。组成 NEON 的每一个区域网络单元被分为核心站（Core Site）和再定位站（Relocatable Site），它们一起共同构成一个覆盖所在区域内不同生态类型的网络。在每个区域网络中，只有一个核心站，它将具有全面、深入开展生态学领域的研究工作所需的野外设施、研究装备和综合研究能力。通过核心站和再定位站的设计，能够进行区域内的比较。

表 1-2　NEON 核心站及其科研主题

| 分区编号 | 分区名称 | 候选核心野外站点 | 科学主题 | 纬度（°） | 经度（°） |
|---|---|---|---|---|---|
| 1 | 东北区 | Harvard森林站 | 土地利用和气候变化 | 42.537 | 72.173 |
| 2 | 大西洋中部区 | Smithsonian保育研究中心 | 土地利用和生物入侵 | 38.893 | 78.140 |
| 3 | 东南区 | Ordway-Swisher生物研究站 | 土地利用 | 29.689 | 81.993 |
| 4 | 大西洋新热带区 | Guánica森林站 | 土地利用 | 17.970 | 66.869 |
| 5 | 五大湖区 | 圣母大学环境研究中心和Trout湖生物研究站 | 土地利用 | 46.234 | 89.537 |
| 6 | 大草原半岛区 | Konza草原生物研究站 | 土地利用 | 39.101 | 96.564 |
| 7 | 阿巴拉契亚山脉/坎伯兰高原区 | 橡树岭国际研究公园 | 气候变化 | 35.964 | 84.283 |
| 8 | 奥扎克杂岩区 | Talladega国家森林站 | 气候变化 | 32.950 | 87.393 |
| 9 | 北部平原区 | Woodworth野外站 | 土地利用 | 47.128 | 99.241 |
| 10 | 中部平原区 | 中部平原试验草原站 | 土地利用和气候变化 | 40.816 | 104.745 |
| 11 | 南部平原区 | Caddo-LBJ国家草地站 | 生物入侵 | 33.401 | 97.570 |
| 12 | 落基山脉以北区 | 黄石北部草原站 | 土地利用 | 44.954 | 110.539 |
| 13 | 落基山脉以南/科罗拉多高原区 | Niwot草原 | 土地利用 | 40.054 | 105.582 |
| 14 | 西南沙漠区 | Santa Rita试验草原站 | 土地利用和气候变化 | 31.911 | 110.835 |
| 15 | 大盆地区 | Onaqui-Benmore试验站 | 土地利用 | 40.178 | 112.452 |

（续）

| 分区编号 | 分区名称 | 候选核心野外站点 | 科学主题 | 纬度（°） | 经度（°） |
|---|---|---|---|---|---|
| 16 | 太平洋西北区 | Wind River试验森林站 | 土地利用 | 45.820 | 121.952 |
| 17 | 太平洋西南区 | San Joaquin试验草原站 | 气候变化 | 37.109 | 119.732 |
| 18 | 冻土区 | Toolik湖泊研究自然区 | 气候变化 | 68.661 | 149.370 |
| 19 | 泰加林区 | Caribou-Poker Creek流域研究站 | 气候变化 | 65.154 | 147.503 |
| 20 | 太平洋热带区 | 夏威夷ETFLaupahoehoe 湿润森林站 | 生物入侵 | 19.555 | 155.264 |

**表 1-3　NEON 核心站点遴选标准**

| | |
|---|---|
| 标准1 | 最能代表该分区特征（植被、土壤/地貌、气候和生态系统特性）的野外站点 |
| 标准2 | 临近可重新定位的站点，这些站点可以针对包括分区内的连通性等区域性和大陆尺度的科学问题进行观测研究 |
| 标准3 | 这些站点全年均可进出，土地权属30年以上，领空权不受限制以便定期开展空中调查，可作为潜在的试验站点 |

## 第二节　我国陆地生态系统定位观测网络布局及研究进展

### 一、我国陆地生态系统定位观测网络建设研究进展

　　森林生态系统定位观测网络布局，以"行政区划""自然区划"与"森林资源清查公里网格"为确定森林生态站规划数量的依据，采用《中国森林》中森林分区的原则，根据国家生态建设的需求和面临的重大科学问题，以及各生态区的生态重要性、生态系统类型的多样性等因素，并针对区域内地带性森林类型（优势树种）的观测需求，明确优先建设的拟建森林生态站名称和地点，构成森林生态系统定位观测研究网络。

　　中国生态系统定位观测起步较晚。为了揭示陆地生态系统结构与功能，从 20 世纪 50 年代末至 60 年代初，我国开始建设陆地生态系统定位研究站（以下简称生态站）。经过几十年的发展，目前中国开展生态系统定位观测研究工作的网络主要有两个：国家林业局下属的国家陆地生态系统定位观测研究站网络（CTERN）和中国科学院下属的中国生态系统研究网络（CERN）。

> 国家生态系统观测研究网络（CERN）是在现有的分别属于不同主管部门的野外台站的基础上整合建立的。该建设项目是跨部门、跨行业、跨地域的科技基础条件平台建设任务，需要在国家层次上，统一规划和设计，将各主管部门的野外观测研究基地资源、观测设备资源、数据资源以及观测人力资源进行整合和规范化，有效地组织国家生态系统网络的联网观测与试验，构建国家的生态系统观测与研究的野外基地平台、数据资源共享平台，生态学研究的科学家合作与人才培养基地。

截止到 2015 年 3 月，国家林业局下属的陆地生态系统定位研究网络（CTERN）已经建立了 166 个生态站，其中包括 110 个森林生态站、33 个湿地生态站、23 个沙漠生态站，成为国家野外科学观测与研究平台的重要组成部分，为国家生态建设发挥着重要的支撑作用。其中，森林生态系统定位研究网络（CFERN）由分布于全国典型森林植被区的 110 个森林生态站组成，成为横跨 35 个纬度的全国性观测研究网络（Niu et al., 2013a）。其主要对我国森林生态系统水文、土壤、大气、植被等要素开展长期、系统的定位观测。CFERN 通过采用生态梯度的耦合研究方法，积累了大量的数据，研究了中国森林生态系统的结构、功能规律及反馈机理，并探讨了森林生态系统变化对中国社会经济发展的影响（Franklin et al., 1990；徐德应，1994；蒋有绪，2000；王兵等，2004）。以长期定位观测站点为基础，开展了区域和全国范围的大尺度森林生态系统监测和生态环境变化趋势研究，为解决碳排放和水资源等热点问题提供强有力的决策依据（Niu et al., 2013b; Wang et al., 2012; Wang et al., 2013a; Wang et al., 2013b; Xue et al., 2013；王兵和宋庆丰，2012）。

> 中国森林生态系统定位研究网络（CFERN）由分布于全国典型森林植被区的若干森林生态站组成。而森林生态站是通过在典型森林地段，建立长期观测点与观测样地，对森林生态系统的组成、结构、生物生产力、养分循环、水循环和能量利用等在自然状态下或某些人为活动干扰下的动态变化格局与过程进行长期观测，阐明生态系统发生、发展、演替的内在机制和自身的动态平衡，以及参与生物地球化学循环过程等的长期定位观测站点。

中国科学院下属的中国生态系统研究网络（CERN）包括 16 个农田生态系统试验站、11 个森林生态系统试验站、3 个草地生态系统试验站、3 个沙漠生态系统试验站、1 个沼泽生态系统试验站、2 个湖泊生态系统试验站、3 个海洋生态系统试验站、1 个城市生态系统试验站，并形成水分、土壤、大气、生物、水域生态系统 5 个学科分中心和 1 个综合研究中心，进行综合管理。

此外，中国水利、农业、环境保护等行业也根据各自业务需要建立了相应的生态环境监测网络，如水利部门的水土保持监测网络，由国家水利部水土保持监测中心、7 大流域监测中心站、31 个省级监测总站、175 个重点地区监测分站以及分布在不同水土流失类型区的典型监测点构成了覆盖全国的水土保持监测网络；国家农业部的生态环境监测网由全国农业环境监测网络、渔业生态环境监测网络和草原生态环境监测网络构成，分别负责农业、渔业以及草原的例行监测与管理；国家环境保护部以国家环境监测网为主，主要目的是监测各种污染源排放状况及潜在的环境风险。

纵观国内外森林生态定位研究的发展情况，森林生态系统定位研究已进入了一个新的发展阶段。目前，国际先进水平森林生态系统定位研究网络具有如下特色：①研究区域范围也涵盖了不同地域和气候带，整体上达到了系统化、网络化的水平；②科研、实验与管理人员的素质和能力已经具备了开展更大尺度和区域范围合作研究的实力；③实验观测设备和仪器得到了更新，具有实用性、精确性和自动化程度高等特点；④数据信息的采集和观测能力得到加强，为全球范围内数据信息交换和共享的实现奠定了坚实的基础。

国内外长期、大量的科学实践证明：森林生态站是林业科技创新的重要源头，是林业科技创新体系不可缺少的重要组成部分；森林生态站可为有效保护和建设生态环境、合理利用自然资源、发展可持续林业、减灾防灾、应对气候变化、参与国际谈判和履行国际公约等提供科学依据，为满足国家需求做出突出贡献；森林生态站还可为人才培养、弘扬科学精神、推动国际合作发挥重要作用。人们已经认识到，森林生态站与室内实验室在功能上可以互补，两者具有同等重要的地位，同时森林生态站又是实验室不可替代的。因此，森林生态站又被誉为"野外实验室"。

## 二、我国陆地生态系统定位观测网络布局进展

森林生态系统定位观测研究站是通过在典型森林地段，建立长期观测样地，对森林生态系统的组成、结构、生物生产力、养分循环、水循环和能量利用等在自然状态下或某些人为活动干扰下的动态变化格局与过程进行长期观测，阐明生态系统发生、发展、演替的内在机制和生态系统自身的动态平衡，以及参与生物地球化学循环过程等的长期定位观测站点。

在 NEON 的布局借鉴下，郭慧等（2014）根据森林生态系统长期定位观测台站布局的特点，提出了我国森林生态系统定位观测台站布局的原则、方法、步骤。通过对中国典型生态地理区划进行对比分析，选择适合构建森林生态系统长期定位观测研究台站布局区划的指标。在典型抽样思想指导下，通过分层抽样、空间叠置分析，集合地统计学方法，将 GIS 的空间分析功能整合应用到森林生态系统长期定位观测台站布局的研究中，并对森林生态系统长期定位观测台站布局监测范围和站点数量的合理性进行了重新评估。

研究从森林、重点生态功能区和生物多样性保护优先区 3 个角度，对国家尺度的森林生态长期定位观测网络的生态站监测区域进行合理性分析。采用"复杂区域均值模型（Mean of Surface with Non-homogeneity，MSN）"对我国森林生态长期定位观测网络布局和合理性进行分析。研究表明，我国森林生态系统长期定位观测网络将我国森林划分为 147 个分区，共规划森林生态站 190 个，其中有已建森林生态站 88 个（2013 年年底），规划森林生态站 102 个。补充完善的 102 个森林生态站代表了 94 个中国森林生态地理区。此外，根据国务院规定的分区，通过城市级别、人口密度、GDP 和污染程度等指标布设 12 个城市森林生态站，研究以中国森林台站布局区划为基础，以生态功能区为参照，布局了中国森林生态系统长期定位观测网络，为世界上其他生态网络的布局和构建提供了科学依据（图 1-3）。

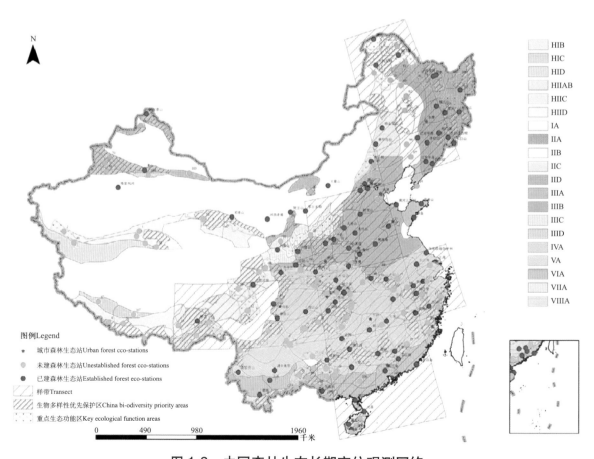

**图 1-3　中国森林生态长期定位观测网络**

从重大林业生态工程尺度上，郭慧等（2014）综合温度、水分和森林区划结合退耕还林工程分区、已有森林生态站和 DEM 数据，与 GIS 空间分析相耦合构建了退耕还林工程长期定位观测网络。该网络包含 148 个退耕还林监测区，共布设 166 个监测站。其中，已经建设 68 个，计划建设 9 个。利用全国退耕还林工程县级单位数据对网络规划布局结果进行精度评价，总精度达到 97.96%，同时指出了不同退耕还林区生态效益监测的主要生态功能监测重点。该网络可以实现对中国退耕还林工程区内生态要素的连续观测与清查，其结果为退耕还林工程的生态效益评估提供数据支撑，并为辅助决策分析提供科学依据。

### 三、省域尺度森林生态系统定位观测网络研究进展

近年来，我国在省（直辖市）域尺度上也开展了森林生态系统定位观测网络的研究和建设。例如，广东、北京、河南、吉林、湖北等都已开展了相关工作，并且初具规模。例如，广东省于 2003 年开始启动省森林生态系统定位研究网络项目建设。到目前为止，已在东江、西江、北江、韩江等重点流域及南岭、沿海、珠三角等区域的不同生态类型区逐步建立了省级生态观测站点 12 个；另外，针对广州市对城市林业建设需要，还建立了帽峰山、流溪河、南沙、大夫山、龙头山等 5 个城市森林和湿地类型的长期观测站。因此，广东省基本形成了涵盖不同森林类型的省级生态观测研究网络，并依托广东省林业科学院成立了网络管理中心。

在省域尺度上，郭慧等（2014）以湖北省为例开展了森林生态系统长期定位观测网络布局的研究（图 1-4）。首先设计了森林生态系统定位观测研究网络的指标体系，基于球状

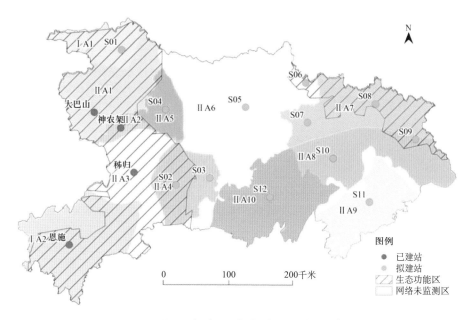

图 1-4　湖北省森林生态站网络规划布局

模型进行普通克里格插值，与 GIS 的空间叠置分析相耦合，构建了湖北省森林生态系统长期定位观测网络；其次从监测范围、站点密度和决策应用 3 个方面进行空间分析。结果表明：该网络将湖北省划分成 21 个分区，布设 21 个森林生态站，其中计划建设 17 个森林生态站，已经建设 4 个森林生态站。网络布局结果不仅可以监测湖北省 96.53% 的森林面积，96.79% 的功能区面积和 99.62% 的生物多样性保护优先区面积，而且 12 个森林生态站分布与湖北省 4 个重点生态功能区和 3 个生物多样性保护优先区相匹配。该网络主要针对湖北省森林生态要素进行调查，为湖北省森林生态服务和生态效益评估，及省内重大生态工程提供数据基础。

　　CFERN 团队为重庆市规划森林生态系统长期定位观测网络时，结合重庆市特殊的地理条件、主要生态服务功能类型、植被类型与分布情况、岩溶地区石漠化土地状况、重庆市湿地公园分布等数据，将重庆市划分为 25 个生态亚区，设置森林生态站、湿地生态站、天保工程生态站、退耕还林工程生态站、城市森林生态站共 13 个，其中已建武陵山森林生态站、缙云山森林生态站。在站点选择方面遵循"优先考虑国家级或省级森林公园、自然保护区、国有林场等，一般不建在集体林区或其他非国有林区"的原则。其中，重庆山地型城市森林生态系统定位观测研究站已通过国家林业局审批，正在建设中，与上海市城市森林生态站均为首批国家级城市森林生态站，并且也是首个山地型城市森林生态站，填补了这一类型生态站的空白（图 1-5）。

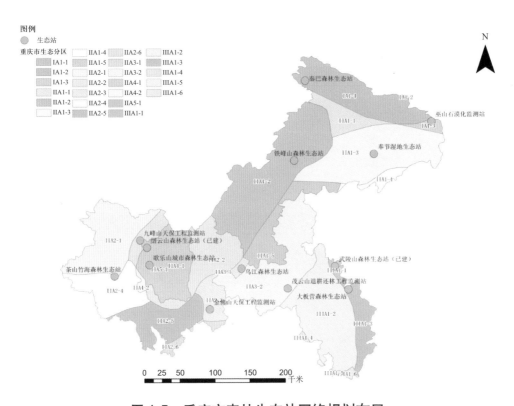

**图 1-5　重庆市森林生态站网络规划布局**

山西省森林生态系统监测网络建设项目由山西省发改委投资，山西省森林生态功能研究网络管理中心承担，总投资997.96万元。项目总目标是按照国家森林生态系统定位站建设标准，新建10个省级森林生态站（5个省级主站和5个省级辅站），与3个现有国家森

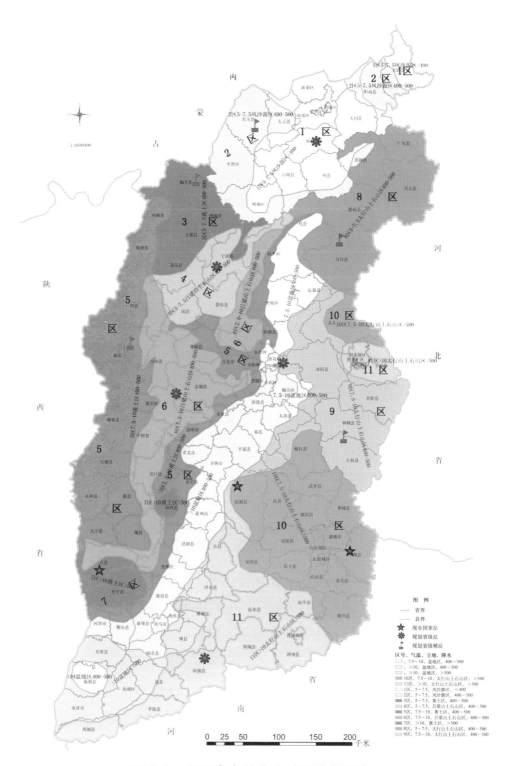

图1-6　山西省森林生态站网络规划布局

林生态站共同构建山西省森林生态系统监测网络体系。包括：芦芽山云杉落叶松森林生态站、金沙滩杨树油松樟子松森林生态站、关帝山油松栎类森林生态站、中条山栎类硬阔混交林森林生态站和太原城市森林生态站，五台山云杉落叶松森林生态辅站、太行山中段油松栎类森林生态辅站、右玉风沙区缓坡丘陵杨树油松森林生态辅站、偏关黄土丘陵杨树油松森林生态辅站、临县黄土丘陵沟壑生态经济型森林生态辅站（图1-6）。

2013年，北京市初步制定了《北京森林生态系统监测网络建设规划》。根据规划，以人为干扰因素和森林生态服务功能为主要分类依据，充分考虑地形地貌特征、生态系统类型、植被特征、重大林业生态工程分布、水电交通条件和固定管理机构能力等因素，以"站带点"的模式分别在深山、浅山、平原和城区4个区域建设具有代表性的4个监测站和14个监测点。在此基础上，通过对以上4个区域内森林生态系统监测站（点）的网络化连接，形成了定位明确、布局合理、功能完善、管理方便、运行高效的北京森林生态系统监测网络。

浙江省已经建立了包括5个国家级和8个省级生态站的省级生态观测研究网络，初步建成了覆盖全省主要流域、重要区位、典型植被类型的定位研究体系。吉林省规划至2020年建立森林、湿地、沙地监测站14个，形成较为完善的省级生态观测网络（王兵等，2014）。河南省规划并建立由生态站构成的河南省森林生态系统定位研究网络，并依托河南省林业科学院成立了网络管理中心。内蒙古自治区也已经规划在其境内对国家生态环境观测网络进行加密生态站建设，建立符合本区域生态环境功能的生态观测网络。此外，四川省、新疆维吾尔自治区等省（区）也都初步具备了省级陆地生态系统定位研究网络的雏形，其他省份也在进行各自相应的研究或规划工作。

以上这些省级尺度森林生态系统长期定位观测网络存在如下的共性：在网络类型方面，均为综合性森林生态系统长期定位观测网络，针对研究区内典型森林生态系统的生态要素开展数据收集工作。这些生态站网络建设依据《森林生态系统定位研究站建设技术要求》(LY/T1626—2005)和《森林生态站数字化建设技术规范》(LY/T 1873—2010)执行，观测指标主要依据《森林生态系统定位观测指标体系》(LY/T 1606—2003)，观测方法主要依据《森林生态系统长期定位观测方法》(LY/T 1952—2011)。在网络构建指标体系和方法方面，这些省份森林生态系统长期定位观测网络生态地理区划与国家尺度的网络一样采用了中国生态地理区域系统的温度指标，中国森林分区（1998）作为植被指标，重点生态功能区和生物多样性优先区作为生态功能指标。在完成森林台站布局区划后，以重点生态功能区和生物多样性保护优先区为标准完成网络布局。

然而，在此基础上，各省份又根据自身相应的森林分布情况、植被类型、地形地貌特点以及侧重研究方向的需要，在构建森林生态系统长期定位观测网络时存在一定的差异。例如，湖北省植被资源非常丰富，具有典型的南北过渡特征，也是中国东西植物区系的过渡地带。首先综合考虑温度、植被、水分和地形因素构建湖北省生态地理区划，结合重点生态功能区和生物多样性保护优先区生成湖北省生态功能区划；其次在生态地理区划的基础上优先考虑生态功能区划获取森林生态站网络规划有效分区，在有效分区内进行森林生态站站点布设，完成湖北省森林生态系统定位观测研究网络规划。因湖北省全部位于亚热带季风湿润地区，故不考虑水分指标。重庆主城区是我国典型的山地型城市，为对典型的山地森林进行观测研究，选取在武陵山建立山地型城市森林生态系统定位观测站，在网络布局时依据行政区划、生态功能分区、植被分区以及重庆市石漠化土地状况分布、湿地公园分布等具有代表性空间差异性的指标进行区划。山西省森林生态系统网络构建应用景观生态学、流域生态学及森林生态学等学科理论，综合考虑气候、植被、流域、地形地貌、立地条件等因子，就森林生态类型区划分技术，类型区内典型流域及典型系统的选择和布局技术、典型系统的组网技术进行了系统研究。

区域和省域尺度的长期观测研究主要侧重重点林业生态工程建设和生态环境热点问题，开展森林生态系统关键生态要素作用机理研究。选择省域尺度进行森林生态系统定位观测研究网络的建设，其主要目的是通过长期定位的监测，从格局—过程—尺度有机结合的角度，研究水分、土壤、气象、生物要素的物质转换和能量流动规律，定量分析不同时空尺度上生态过程演变、转换与耦合机制，建立森林生态环境及其效益的评价、预警和调控体系，揭示该区域森林生态系统的结构与功能、演变过程及其影响机制。

## 第三节　上海城市森林生态连清体系监测布局与网络建设意义

> 生态系统功能是指生境、生物学性质或生态系统过程，包括物质循环、能量流动、信息传递以及生态系统本身动态演化等，是生态系统基本性质，不依人的存在而存在。

### 一、生态文明建设下的森林生态系统服务

森林是人类生存发展的物质基础和生态支撑，也是一个国家一个民族最大的生存资本和绿色财富，党的十八大强调，着力推进绿色发展，把资源消耗、环境损害、生态效益纳入经济社会发展评价体系。2005 年，时任浙江省委书记的习近平同志在浙江安吉天荒坪镇余村考察时，首次提出了"绿水青山就是金山银山"的科学论断。经过多年的实践检验，习近平总书记后来再次全面阐述了"两座山论"，即"我们既要绿水青山，也要金山银山。宁要绿水青山，不要金山银山，而且绿水青山就是金山银山"。这三句话从不同角度阐明了发

展经济与保护生态二者之间的辩证统一关系，既有侧重又不可分割，构成有机整体。"金山银山"与"绿水青山"这"两座山论"，正在被海内外越来越多的人所知晓和接受。习总书记在国内国际很多场合，以此来阐明生态文明建设的重要性，为美丽中国指引方向。

2001年，我国著名森林生态学家蒋有绪院士提出，要研究可靠的方法论和建立合适的机制来评价森林对国家可持续发展的贡献（蒋有绪，2001）。那么，绿水青山如何能够成为金山银山，到底值多少金山，多少银山？回答这些问题，就需要一套科学合理、广泛适用、符合我国林情的理论方法体系，来评估森林生态系统服务功能到底能给人们带来多少价值，作为最公平的公共产品，我们能够得到多少福祉。

> 生态系统服务功能是指生态系统与生态过程所形成及所维持的人类赖以生存的自然环境条件与效用（Costanza et al., 2000）。

长期以来，人们忽视了对于森林生态服务功能价值的认识，这种忽视使得人们过度地利用森林资源，最终导致水土流失、土地荒漠化、生物多样性减少等诸多环境问题。随着工业化进程的加剧，经济持续增长对资源、环境造成的压力越来越大，如何平衡生产发展与生态保护之间的关系成为我们面临的一项重大课题（尹伟伦，2009）。因此，评估森林的生态服务功能及价值，对反映森林重要的生态价值，宣传林业在经济社会发展中的作用等方面具有重要的现实意义，充分发挥森林生态系统的多种功能已成为推进经济社会可持续发展的重要保障。如何能更科学、客观地评估森林生态系统服务功能及价值，从而将森林巨大的生态价值更直观、准确地体现出来，引起人们对森林生态系统的重视与保护，已成为当今生态学界及林学界研究的热点之一（李文华，2014）。

中国的森林空间跨度大，立地条件丰富，森林生态系统类型多样且十分复杂，对于国家尺度上森林生态系统服务的科学评估，是一项极其复杂而又巨大的工程。自20世纪80年代以来，我国科学家就对于森林生态系统服务功能与价值评估方面进行过探索(李文华等，2009)，已取得诸多进步，但仍有许多不足之处需不断进行研究完善。

（1）评价指标和方法体系的统一。2008年以前，我国学者对森林生态系统服务功能与价值评估尚处于摸索阶段，不同学者根据不同的理论体系建立不同的方法，在多个地点进行了有益的尝试。但由于森林生态系统的复杂性，目前仍然没有形成一套具有普遍意义的、完善的、系统的评价方法，这使得不同研究者对相同的森林生态系统评价结果因为采用了不同的研究方法而差异较大，缺乏可比性。过高的评估结果不能被决策者接受，而过低的评估又会遗漏某些重要的服务功能，影响评估结果的可信度。因此，迫切需要一个国家和

行业标准来规范森林生态系统服务和价值量的评估。2008年，国家林业局发布了《森林生态系统服务功能评估规范》(LY/T 1721—2008)作为森林生态系统服务功能评估的参照标准，从宏观层面为森林生态系统的保护及科学评估提供理论指导，为未来全国林业规划与建设提供科学依据，为自然资源和环境因素纳入国民经济核算体系，为最终实现生态GDP核算提供基础。

（2）缺乏连续监测数据的支撑。森林生态服务功能及价值的评估涉及林学、生态学、经济学等诸多学科领域的内容，需要大量的基础数据。目前，由于缺乏对某些必要的森林生态系统指标连续监测数据，导致在评估效益时缺乏系统、可靠的基础数据的支撑，因而对其生态系统服务功能的部分评估数据只能采用固定数据，致使结果不能很好地反映在特定地点或特殊生态系统（如城市森林）下森林的生态系统服务功能和价值。

综上所述，亟需建立一整套的技术体系和评价方法，并以长期定位观测数据为依托，作为森林生态系统服务功能评估的基础和指南。因此，森林生态连清技术体系的创立和发展，解决了当今评估中的关键问题。

## 二、森林生态系统连续观测与清查体系的提出及其发展

森林生态系统服务全指标体系连续观测与清查技术（简称森林生态连清）是以生态地理区划为单位，以国家现有森林生态站为依托，采用长期定位观测技术和分布式测算方法，定期对同一森林生态系统进行重复的全指标体系观测与清查的技术。它可以配合国家森林资源连续清查，形成国家森林资源清查综合调查新体系，用以评价一定时期内森林生态系统的质量状况，进一步了解森林生态系统的动态变化。

森林生态系统服务全指标体系连续观测与清查技术（简称森林生态连清）体系是由中国林业科学研究院森林生态环境与保护研究所王兵研究员提出和倡导的。森林生态连清技术体系由野外观测连清体系和分布式测算研究体系两部分组成（图1-7），森林生态连清技术体系的内涵主要反映在这两大分体系中。野外观测连清体系为海量数据提供了保证，其基本要求是统一测度、统一计量、统一描述。特别是近年来中国森林生态系统定位观测网络（CFERN）的迅速发展，布局不断完善，森林生态站的长期监测数据为开展森林生态系统服务功能评估提供了数据支撑。每个森林生态站在获取数据后，会进行预处理和存储。这些数据具有时空连续性，其一为时间连续性，每个森林生态站均通过一定的时间频率采集观测数据；其二为空间连续性，在我国每个典型的生态区内，均布设有森林生态站。

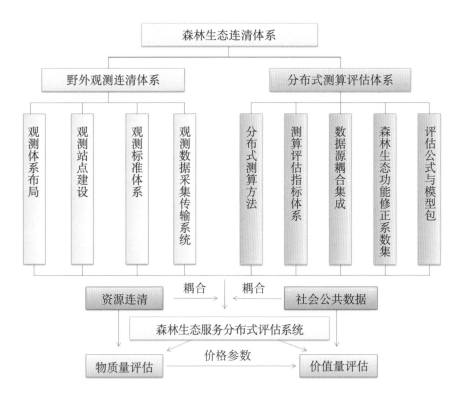

**图 1-7　森林生态系统连续观测与清查体系框架**

　　海量的观测数据是开展评估工作的基础，在此基础上构建科学合理的评估规范，就可使得不同评估人员或者组织的评估结果具有可比性。由此，国家林业行业标准《森林生态系统服务功能评估规范》（LY/T 1721—2008）的发布，为开展基于大数据的森林生态系统功能评估提供了技术支撑。由于大数据的特殊性，传统的数据处理方法已不再适合，因此，在森林生态连清技术体系中，创新性地提出了"分布式测算研究体系"，将复杂的评估过程分解成若干个测算单元，然后逐级累加得到最终的评估结果。这样可以使得每个评估单元内森林生态站观测的大数据进行综合处理，避免了更大尺度上处理大数据的繁琐步骤。

　　　　分布式测算源于计算机科学，是研究如何把一项整体复杂的问题分割成相对独立运算的单元，并将这些单元分配给多个计算机进行处理，最后将计算结果统一合并得出结论的一种计算科学。

　　对于全国而言，分布式测算方法的具体思路为：首先将全国（香港、澳门、台湾除外）按照省级行政区划分为一级测算单元；在每个一级测算单元中，按照优势树种组划分成 77 个二级测算单元；在每个二级测算单元中，再按照起源分为天然林和人工林划分三级测算单元；在每个三级测算单元中，按照林龄组划分为幼龄林、中龄林、近熟林、成熟林、过熟林等四级测算单元，再结合不同立地条件的对比观测，最终确定7150个相对均质化的生态服务评估单元。以全国森林生态系统服务评估为例，森林生态系统分布式测算研究体系框架如图1-8所示。

分布式测算研究体系是森林生态连清精度保证体系，可以解决森林生态系统结构复杂，涉及森林类型较多，森林生态状况测算难以精确到不同林分类型、不同林龄及起源等问题。同时，也可以解决观测指标体系不统一、难以集成全国森林大数据和尺度转化难等问题。

中国森林生态系统服务评估在满足代表性、全面性、简明性、可操作性以及适应性等原则的基础上，结合第八次全国森林资源清查（2009～2013年）数据，选取涵养水源、保育土壤、固碳释氧、净化大气环境、林木积累营养物质、农田防护与防风固沙、生物多样性保护和森林游憩等8项23个指标。

评估结果又分为物质量和价值量两个部分。物质量评估主要是从物质量的角度对生态系统提供的各项服务进行定量评估，其特点是能够比较客观地反映生态系统的生态过程，

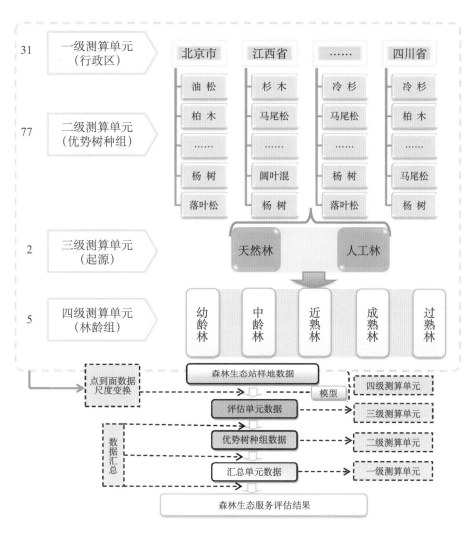

图1-8  我国森林生态连清分布式测算研究体系

进而反映生态系统的可持续性。价值量评估是指从货币价值量的角度对生态系统提供的服务进行定量评估。由于价值量评估结果都是货币值，可以将不同生态系统的同一项生态系统服务进行比较，也可以将森林生态系统的各单项服务综合起来，使得价值量更直观。

在森林生态系统连续观测与清查体系的框架下，国家林业局于 2014 年发布了退耕还林工程生态效益监测国家报告（国家林业局，2014）。此外，依托森林生态系统连续观测与清查体系，《中国森林生态系统服务功能研究》（张永利等，2010）、《黑龙江省森林与湿地生态系统服务功能评估》（蔡炳华等，2014）、《安徽省森林生态连清与生态系统服务研究》（夏尚光等，2015）、《吉林省森林生态连清与生态系统服务研究》（任军等，2016）等研究和著作相继出版。这些研究和著作，均在同一标准统一体系下开展，使得各评估结果之间存在可比性，极大地推动了我国森林生态系统功能的研究进展。特别是，中国森林生态系统服务评估作为国家林业局和国家统计局联合组织开展的"中国森林资源核算及绿色经济评价体系研究"中的重要研究成果，已经由中国林业出版社编辑出版《生态文明制度构建中的中国森林核算研究》（中国森林资源核算研究项目组，2015）。

根据此次核算的结果，第八次全国森林资源清查期间，全国森林生态服务总价值量为12.68 万亿元／年。森林每年提供的生态服务价值，相当于 2013 年 GDP（56.88 万亿元）的22.3%，是当年林业产业总产值（4.73 万亿元）的 2.68 倍，相当于森林每年为每位国民提供了 0.94 万元的生态服务。森林提供的涵养水源、保育土壤、固碳释氧等主要生态服务，作为"最公平的公共产品"和"最普惠的民生福祉"，在改善生态环境、防灾减灾、提升人居生活质量方面发挥了显著的正效益（中国森林资源核算研究项目组，2015）。

### 三、城市森林生态系统观测站建设和发展趋势

> 城市森林为市域范围内以改善生态环境、实现人和自然协调、满足社会发展需要，由以树木为主体的植被及其所有的环境所构成的人工或自然地森林生态系统，狭义上其主体应该是近自然的森林生态系统（彭镇华，2003；宋永昌，2004）。

城市森林与野外森林生态系统特点有明显差别，城市林业与传统林业经营目的和措施也明显不同。因此，开展城市森林生态系统定位观测网络建设，也应与传统的森林生态系统定位观测网络有所不同。特别是，由于城市大气污染严重，游憩空间匮乏，严重制约城市社会经济可持续发展，开展城市生态系统（包括城市森林、绿地、水体等）结构、功能和影响因子的研究，已成为生态学研究的重要内容。目前，在世界上的许多国家，已建立

了多个城市森林和环境的定位观测站。

在美国长期生态学研究计划中，有 2 个城市生态站（巴尔的摩和凤凰城），从 1997 年开始陆续建立了长期观测体系。由于 2 个城市的地理、气候、植被、城市发展历史、社会经济条件的不同，两个生态站针对的生态环境问题、观测方法、研究内容均有差异。例如，巴尔的摩位于马里兰州中部，Patapsco 河口地区，紧邻 Chesapeake 湾，是优异的港口。巴尔的摩属于亚热带海洋气候，冬天冷、夏天热，湿度高。根据巴尔的摩的地理和环境特点，生态站以流域单元为出发点，进行流域水文和水质的监测，并建立了城市碳通量塔和 7 个观测样地。

凤凰城是亚利桑那州首府，位于盐河河谷，四面被山包围，平均海拔 340 米。凤凰城气候干燥（年平均最高气温 30.2℃，年平均最低气温 16.6℃），年均降雨量 210 毫米，属热带沙漠气候。耐干旱的仙人掌类植物是凤凰城地区主要植被之一。凤凰城生态站以城市整体为着眼点，采用网格分层双密度采样布点设计方法，确立了 200 个长期观测样地，开展了一系列的调查和监测工作，并对地表水和地下水进行了监测。在这些样地调查结果中，城市植物多样性与当地居民收入水平相关研究观点令人耳目一新（Hope et al., 2003）。

芬兰赫尔辛基位于寒带地区，是一座建在森林中的城市，具有较长的城市森林研究历史。赫尔辛基市周边被森林围绕，市区也还保留大量斑块状的天然森林，主要树种为欧洲赤松（*Pinus sylvestris*）、挪威云杉（*Picea abies*）、桦树（*Betula* spp.）等。赫尔辛基东南部靠海，市区湖泊星罗棋布，因而，形成了大量岛屿，岛屿森林形成一道风景。20 世纪 90 年代，芬兰在北部和中部分别建设野外森林定位观测站，21 世纪初在赫尔辛基市中心和城乡结合部建立观测塔，形成了城市生态系统观测站（Järvi et al., 2009）。

目前，我国建立的城市森林生态站有上海、北京、长沙、扬州、杭州、重庆等。这些森林生态站多在市域尺度上形成了一站多点的布局，对城市森林生态系统开展长期定位观测，并实行较为统一的建设标准和观测指标体系，为数据进一步整合和分析奠定了基础。根据国内外城市森林生态系统定位观测站建设和发展，今后城市森林生态系统定位观测站的趋势有以下几个方面：

第一，考虑城市地理、气候、植被、社会经济特点，系统配置观测站点，形成观测网络，提升数据空间代表性；

第二，观测因素和研究内容多元化，深刻揭示城市森林生态系统的结构、过程、功能及其机制；因而，除了林学、生态学、环境科学等观测指标外，还包括社会经济指标等；

第三，由基于研究生态系统为主要目的的定位观测，向基于数据积累、生态系统服务价值评估、生态补偿政策制定为重要目的定位观测转变，成为政府发布环境数据重要来源；

第四，将定位观测和物联网技术结合，实行观测数据实时发布，为居民游客提供环境和游憩信息。

## 四、上海城市森林生态连清体系监测布局与网络建设意义

上海是我国城市化与城市森林协同发展的典型代表。1999年，上海森林覆盖率仅3.17%。进入21世纪以来的10年，上海抓住"建设生态型城市"和举办世界博览会两大契机，结合城市枢纽型、功能性、网络化重大基础设施建设、社会主义新农村建设等，大力推进城市生态环境建设。除积极推进郊区公益林和外环绿带建设外，还建成海湾森林公园、滨江森林公园、辰山植物园等一批大型公园绿地，迅速提高了森林覆盖率（2015年已达到15%）。按照"十三五"规划，2020年森林覆盖率将达到18%。这些林分与城市建筑、道路、河流、湖泊、农田等镶嵌分布，为居民提供着生态系统服务和产品，且具有良好的可利用性。但是，从总体来讲，上海市居民游憩空间匮乏，享受到森林生态系统服务和产品的水平较低，这种状况在全国大中城市中也是比较突出的。目前，上海的人口密度已达到3800人／平方公里，城市化水平已超过88%，在未来社会经济可持续发展方面，上海人口、环境和资源的压力也都是巨大的。在生态文明和美丽中国建设已成为基本国策的形势下，城市森林建设将发挥巨大作用。因而，构建上海城市森林生态连清体系，提升加强上海城市森林特点和经营技术研究，提高城市森林的生态效益已成为巨大的社会需求。

上海城市森林生态连清体系的构建及监测布局与网络建设是上海林业发展的重大机遇，将全面提升上海林业研究、建设、经营和管理水平，使上海城市林业发展上升到一个新台阶。总体而言，上海城市森林生态连清体系监测布局与网络建设的意义主要体现在以下四个方面：

### 1. 为城市森林生态系统长期定位观测搭建平台

森林生态站是对森林生态系统进行长期定位观测和研究的基础。对于城市森林生态系统而言，长期定位观测工作将在较长的时间尺度及异质的空间尺度同时开展。因此，在空间上，观测林分应代表相应监测区域的典型森林生态系统；在时间上，应保证观测的连续性。在确定监测布局与网络建设时，应根据城市内的气候、地形、森林特点，划分为相对异质的区域，完成每个区域内森林生态站布设，从而构建城市森林生态连清体系监测网络；并通过该网络，可以完成区域尺度上森林生态系统长期定位观测工作。

### 2. 为森林生态连清体系提供基础数据

森林生态系统连续观测与清查体系及生态系统服务评估是一项复杂、庞大的系统工程，需要以森林生态系统长期定位观测结合森林资源连清数据，以《森林生态系统服务功能评估规范》（LY/T1721—2008）为基础，完成各个尺度的森林生态系统服务价值评估。森林生态系统长期定位观测主要提供评估中所涉及的生态参数。森林生态系统长期定位研究标准体系保证了森林生态服务评估中所用到生态参数的可比性，与森林资源清查耦合保证了两者时间上的一致性。森林生态系统长期定位观测网络保证了区域内森林生态系统服务评估

的完整性、科学性。根据森林生态系统观测网络观测和传统森林资源清查相结合方法，开展国家和省区尺度上森林生态系统服务连续评估已成为一种重要方法。上海城市森林生态连清体系监测网络的布局和构建，也将为国家尺度上进行生态连清、生态补偿等方面工作提供技术支撑。

**3. 为促进上海生态型宜居城市建设服务**

上海是我国著名国际大都市，人口密度高，中外游客数量多，因而，建设上海城市森林生态站，并与物联网技术结合，实时提供城市森林、公园绿地等公众活动场所环境质量信息，方便居民和游客生活、工作和游憩。

中国共产党十八大以来，推进生态文明和美丽中国建设已成为我国一项基本国策。由于城市森林是广大城镇居民和游客与自然接触的一个重要途径，上海城市森林生态连清体系监测网络和各个观测站点设施也是开展生态科普文明教育的良好平台。构建森林生态系统定位观测网络的重要目的之一，是利用观测站点的设施和观测数据开展形象化的生态科普宣传，增强公众关心和保护环境的意识，促进公众参与植树造林活动，倡导绿色环保理念，推进生态文明建设。

在宜居城市建设中，提供良好森林生态系统产品和服务是一项必需的内容。上海城市森林生态连清体系监测网络将为林分营造、经营和管理，为上海森林生态系统服务的评价和利用，提供基础数据和理论依据。因而，在市域尺度上，构建一个观测点布局合理、观测技术先进、信息处理和发布设施完善的生态连清体系监测网络，对宜居城市建设至关重要。

**4. 为提升城市森林生态学科研水平奠定基础**

上海地区森林具有城市化、城市森林同步发展、森林覆盖率较低、破碎化程度高、幼龄林比例大等特点。另一方面，这些森林具有与其他土地利用类型（如建筑区、道路等）镶嵌分布、与居民生活区联系密切、生态系统功能和服务转化率高的特点。构建上海城市森林的生态连清监测网络，可以积累城市森林生长、演替、结构、功能变化数据。通过这些数据整合，在时间尺度上，可以有效揭示城市森林生态系统变化格局；在空间尺度上，可以有效揭示市域尺度上不同林分生态系统性质和功能空间异质性。

# 第二章
# 上海自然社会环境及森林资源

## 第一节 上海自然条件概况

### 一、地理位置

上海市地处东经 120°51′ 至 122°12′，北纬 30°40′ 至 31°53′ 之间，位于太平洋西岸，亚洲大陆东沿，中国南北海岸中心点，长江和钱塘江入海交汇处（图 2-1）。上海北界长江，东濒东海，南临杭州湾，西接江苏、浙江两省。目前，上海市域土地总面积 6340.5 平方公

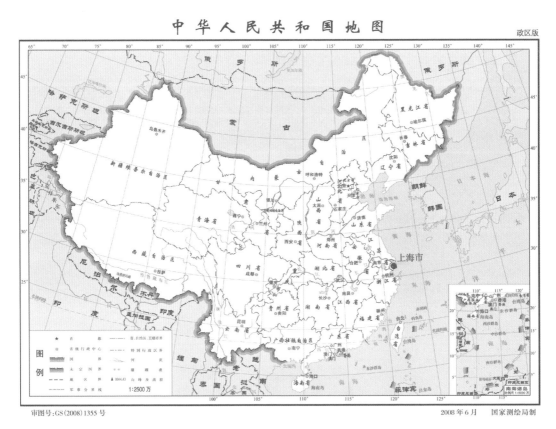

图 2-1 上海市地理位置

里，全市东西宽约 100 千米，南北长约 120 千米，海域上有崇明岛、长兴岛、金山岛等岩岛，其中崇明岛面积 1041.21 平方公里，是我国的第三大岛。上海市下辖黄浦区、徐汇区、长宁区、静安区、普陀区、虹口区、杨浦区 7 个中心城区和闵行区、宝山区、嘉定区、浦东新区、金山、松江区、青浦区、奉贤区、崇明区 9 个郊区（2016 年 7 月 22 日，上海市崇明撤县设区）。

## 二、地形地貌

上海属于长江三角洲以太湖为中心的碟形洼地的东缘，整体上最重要的特点是地势低平，陆域范围内仅在松江地区分布着佘山、天马山、小昆山等十余座百米以下的山丘。上海市的北、东、南三面地势较高，平均高程 4.0 ~ 5.0 米，南缘略高于北缘，最高高程在奉贤一带。而西面则属于碟形洼地的底部，系太湖流域地势最低处，一般高程 2.2 ~ 3.5 米。其中，最低处泖湖、石湖荡一带不到 2.0 米。整个大陆部分的地势总趋势是由东向西微倾（图 2-2）。

图 2-2　上海市地势（摘自《上海现代城市森林发展》）

### 三、气候条件

上海属于中亚热带向北亚热带过渡区域，为北亚热带海洋性季风气候，四季分明，日照充足，雨量充沛。年均温 15.8℃，全年无霜期 228 天，温度年差约为 25℃；年内最热月为 7 月，最冷月为 1 月。年降雨量 1100 毫米，约 70% 集中在 5 ～ 9 月的汛期。年日照时间为 2000 ～ 2100 小时，热量资源较为丰富，日照时数及太阳辐射强度的年际间变化较小，地区间差异不大，属于光能资源较为丰富的地区。日平均气温 ≥ 10℃ 的活动积温约为 5110℃，持续期为 230 ～ 234 天。上海的主要气候特征是：春季温暖湿润，夏季炎热多雨，秋季天高气爽，冬季较寒冷少雨雪；全年雨量适中，季节分配比较均匀。冬季受西伯利亚冷高压控制，盛行西北风，寒冷干燥；夏季在西太平洋副热带高压控制下，多东南风，暖热湿润；春、秋季是季风的转变期，多低温阴雨天气。

根据上海市气候中心统计数据（2005 ～ 2014），在市域尺度上，上海各区的温度、降水量、风速及日照时数存在着一定的区域性差异。从年均温来看，中心城区年均温最高，具有明显的热岛效应；而位于远郊的崇明县和奉贤区则最低（图 2-3）。从年均降水量来看，中心城区最高，为 1290 毫米；而崇明县和青浦区最低，分别为 1080 毫米和 1089 毫米（图 2-4）。从年平均风速来看，中心城区最低，而崇明县、宝山区、奉贤区、金山区等沿江沿海区域最高（图 2-5）。从年均日照时数来看，受高楼遮挡等因素影响，

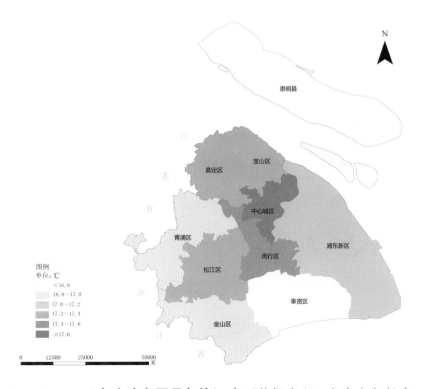

**图 2-3　2005 ～ 2014 年上海各区县年均温度**（数据来源：上海市气候中心，2016）

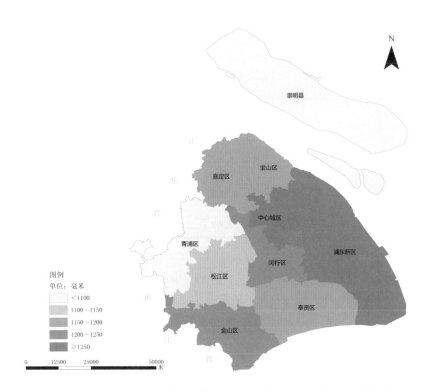

**图2-4　2005～2014年上海各区县年均降水量**（数据来源：上海市气候中心，2016）

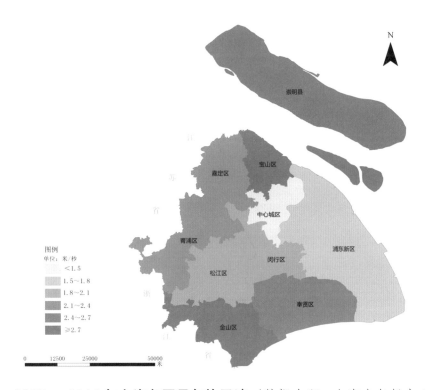

**图2-5　2005～2014年上海各区县年均风速**（数据来源：上海市气候中心，2016）

中心城区最低，仅 1495 小时；而上海最南部的金山区最高，为 2042 小时；奉贤区、崇明县、闵行区等也较高，在 1947 ～ 1988 小时之间，能够满足主要作物对日照时数的生长需求（图 2-6）。

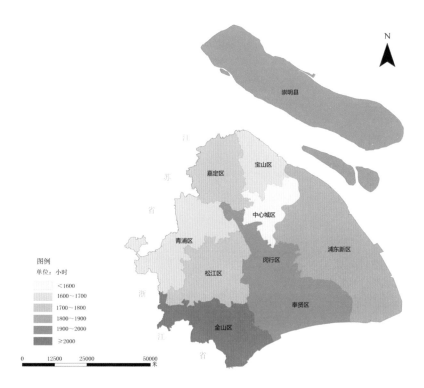

**图 2-6　2005 ～ 2014 年上海各区县年均日照时数**（数据来源：上海市气候中心，2016）

#### 四、土壤条件

上海市土壤大多由冲积母质发育而成。由于水系密布，境内多河道、湖泊，地下水位高，许多土地处于渍水状态。土壤以渍潜型和淋溶—淀积型的水成和半水成系列土壤为主。地带性土壤为西南部零散山丘上残积弱富铝化母质发育的黄棕壤；而湖沼平原、滨海平原由不同母质发育成隐域性土壤水稻土、灰潮土；三角洲平原、滩涂发育有滨海盐土。

上海地区土壤的 pH 值相对偏高，属于滨海盐碱性土壤，自西向东有 pH 值逐渐增大和土壤有机质递减的趋势（图 2-7、图 2-8）。上海森林土壤多由滩涂、农田转化而来，因而，林地土壤也多受到这些因素的影响。另外，由于工农业生产、交通排放、生活等因素，上海地区土壤受到不同程度的污染，因而，也影响到了土壤微生物和土壤动物群落。特别是城市公园、森林绿地林分土壤受到较多人为干扰，严重影响土壤物理、化学和生物学性质。

#### 五、水文资源

上海地区水网密布、河湖众多，上海市第一次水利普查暨第二次水资源普查结果（上

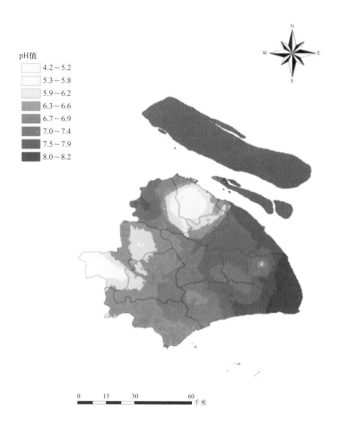

**图 2-7 上海土壤 pH 分布格局**（数据来源：2010 年上海市农田测土配方普查）

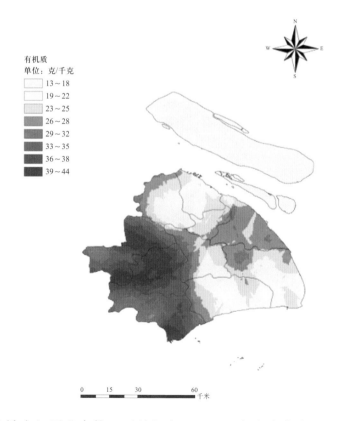

**图 2-8 上海土壤有机质分布格局**（数据来源：2010 年上海市农田测土配方普查）

海市统计局，2013）显示：全市共有河流 26603 条，总长度 25348.48 千米，总面积 527.84 平方千米（以上河流不包括流经上海的长江，其境内总长度 181.80 千米）；全市湖泊（含人工水体）692 个，总面积 91.36 平方千米；河流和湖泊的总面积约 619.2 平方千米，河面率约 9.77%，河网密度平均每平方公里约 4 千米（图 2-9）。

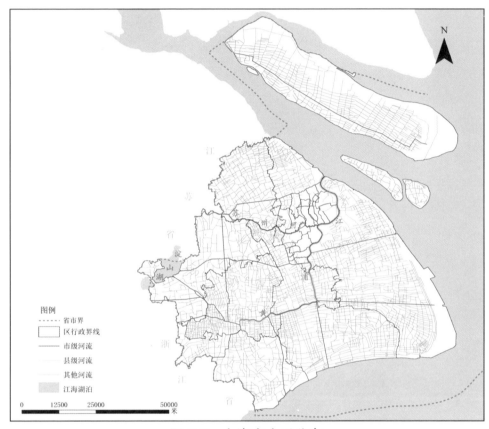

图 2-9　上海市水系分布

## 六、生物资源

从植被分区来看，上海的地带性植被为常绿、落叶阔叶混交林。由于快速的城市化发展，上海的自然植被在高强度人为活动影响的压力下遭到很大的破坏，除残存于佘山等小山丘和大金山岛的残存自然植被（杨永川等，2003；田志慧等，2008）和属于自然植被的特殊类型——杂草外，区域内绝大部分植被为人工植被类型（达良俊等，2008）。

上海土地利用率高，大面积的土地被开发利用，适于生物栖息的生境面积减少且破碎化程度高，加之高强度的频繁人为活动干扰，导致上海原生植物种类不断减少、外来种类不断增多。上海共有自然更新的维管植物 1194 种，包括蕨类 25 科 37 属 61 个种，种子植物 129 科 550 属 1133 种，其中野生植物为 126 科 440 属 818 种，占全部种类的 69%；国内外扩散至上海的外来植物共有 86 科 234 属 367 种，占全部种类的 31%（汪远等，2012）。属于国家重点保护和濒危野生植物 23 科 27 属 28 种，包含草本植物 19 种（占 67.9%），其中仅 2 种植物上海多见，分别是野大豆（*Glycine soja*）、细果野菱（*Trapa maximowiczii*）；6 种少见，15 种极少见，5 种近年来未采集到标本。根据 1999 年公布的《国家重点保护野生植物名录（第 1 批）》规定，上海共有 II 级保护植物 9 种，无 I 级保护植物种类（李惠茹，2015）。

上海市地处东洋界北缘，在动物区系上属于南北过渡地带，古北界物种在此也有一定渗透。根据上海市野生动物保护管理站动物资源调查数据（2015），上海区域范围内已知陆生脊椎动物共 33 目 106 科 540 种。其中，兽类 8 目 19 科 44 种，鸟类 19 目 68 科 445 种，爬行类 4 目 13 科 36 种，两栖类 2 目 6 科 15 种。国家 I 级重点保护动物 11 种，包括扬子鳄（*Alligator sinensis*）、中华秋沙鸭（*Mergus squamatus*）、白鹤（*Grus leucogeranus*）、白头鹤（*Grus monacha*）、遗鸥（*Larus relictus*）、东方白鹳（*Ciconia boyciana*）、白尾海雕（*Haliaeetus albicilla*）、玉带海雕（*Haliaeetus leucoryphus*）、白鳍豚（*Lipotes vexillifer*）等；国家 II 级重点保护动物 81 种，包括虎纹蛙（*Rana tigrina*）、蠵龟（*Testudo caretta*）、小天鹅（*Cygnus columbianus*）、白额雁（*Anser albifrons*）、鸳鸯（*Aix galericulata*）、灰鹤（*Grus grus*）、小杓鹬（*Numenius minutus*）、角䴙䴘（*Podiceps auritus*）、黑脸琵鹭（*Platalea minor*）、短耳鸮（*Asio flammeus*）、黑冠鹃隼（*Aviceda leuphotes*）、凤头蜂鹰（*Pernis ptilorhynchus*）、斑海豹（*Phoca largha*）和小灵猫（*Viverricula indica*）等。

## 第二节　上海社会环境概况

### 一、社会经济条件

上海市面积 6340.5 平方千米，常住人口 2425.68 万（上海市统计年鉴，2015）；现辖 17 个区，共计 110 个乡镇、92 个街道和 49 个农业（或工业）园区及农场等。上海人口密度（3800 人／平方千米）和城市化水平（88%）为我国大中城市中最高（香港除外）。上海是我国最大的经济商业城市，也是著名的国际大都市，具有良好的科技、教育、商业、文化等资源，社会经济呈现出快速发展势头。

但是，在上海区域内，社会经济也呈现出发展的不平衡性。在市区中心地区，有较高的人口密度和 GDP（图 2-10、图 2-11），同时这些地区森林覆盖率较低，提供生态系统服务和产品功能较差。在这个意义上，从市中心向郊区构成了一个单位面积 GDP 逐渐降低而单位面积森林生态系统服务价值（Forest Ecosystem Services, FES）升高的梯度。

全市道路总长 17797 千米，其中公路总长 12945 千米，占 73%。道路总面积为 279.2 平方千米；其中公路面积为 173.7 平方千米，占 62%，全市道路路面率约 4.40%，道路密度平均每平方千米约 2.8 千米。

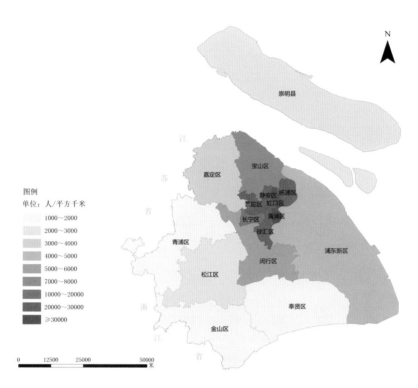

图 2-10　2015 年上海市各区县人口密度

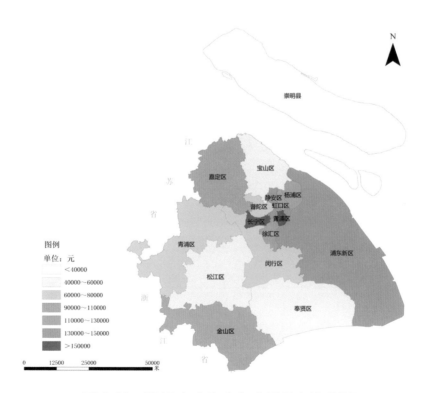

图 2-11　2015 年上海市各个区县人均 GDP

## 二、大气污染

近 30 年来，随着社会经济的快速发展，上海大气受到了严重污染。例如，2014 和 2015 年，上海市环境空气质量指数（AQI）优良天数分别为 281 天和 258 天，AQI 优良率均高于 70%。其中，2014 年优 48 天，良 233 天，轻度污染 58 天，中度污染 22 天，重度污染 4 天，未出现严重污染日；2015 年优 55 天，良 203 天，轻度污染 73 天，中度污染 26 天，重度污染 8 天，未出现严重污染日；全年污染日中，首要污染物为细颗粒物（$PM_{2.5}$）的分别有 58 天和 67 天，占比均超过 60%。可见，$PM_{2.5}$ 已经成为上海城市大气污染的最重要污染物（上海市环境保护局，2014；上海市环境保护局，2015）。

2014 年，上海市 $PM_{2.5}$ 年均浓度为 52 微克／立方米，超出国家环境空气质量二级标准 17 微克／立方米；$PM_{10}$ 年均浓度为 71 微克／立方米，在国家环境空气质量二级标准上下浮动；$SO_2$ 年均浓度较低，为 18 毫克／立方米，达到国家环境空气质量一级标准；$NO_2$ 年均浓度为 45 毫克／立方米，超过国家环境空气质量二级标准 5 微克／立方米（上海市环境保护局，2014）。由于人口密度、交通污染、生活排放等因素，上海中心城区大气污染较严重(图 2-12)。

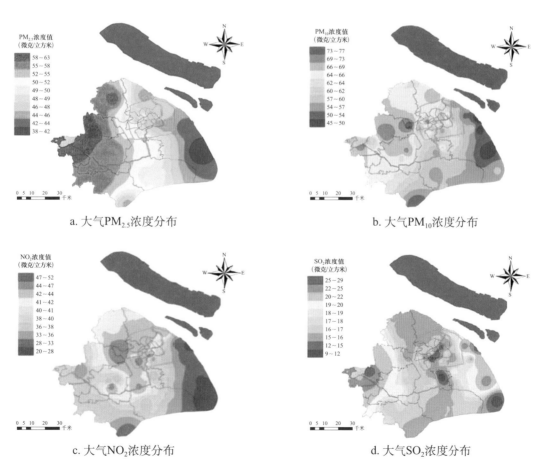

a. 大气 $PM_{2.5}$ 浓度分布

b. 大气 $PM_{10}$ 浓度分布

c. 大气 $NO_2$ 浓度分布

d. 大气 $SO_2$ 浓度分布

**图 2-12　2014 年上海市主要大气污染物分布**（上海市环境保护局，2014）

从市中心向郊区形成了人口密度、大气污染、热岛效应的梯度。另据有关报道，一些与环境污染有关的疾病也呈现中心城区向郊区递减的梯度。这意味着中心城区对生态系统服务和产品的需求更强烈。同时，由于中心城区人口密度高，对生态系统服务和产品需求强烈，在一定程度上，也形成了生态系统功能和服务转化率梯度现状。

### 三、水体污染

2014 和 2015 年，上海全市主要河流断面水质达到 III 类的平均为 19.7%，其中 2014 年占 24.7%，2015 年占 14.7%，IV 类和 V 类平均占 27.5%，其余为劣 V 类（图 2-13），其主要污染指标为氨氮和总磷。长江流域河流水质明显优于太湖流域，淀山湖处于轻度富营养状态，与 2013 年基本持平（上海市环境保护局，2014；上海市环境保护局，2015）。

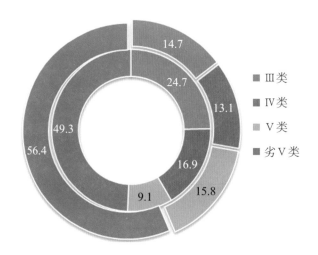

**图 2-13 2014（内）和 2015 年（外）上海市主要河流断面水质类别比例（%）**

从主要河流来看，2015 年黄浦江 6 个断面中，3 个水质为 III 类，其余为 IV 类，主要污染指标为氨氮和总磷；与 2014 年相比，总体水质有所改善（上海市环境保护局，2015）。主要指标中，总磷和氨氮浓度分别下降 16.7% 和 14.9%。2015 年，苏州河 7 个断面水质均为劣 V 类，主要污染指标为氨氮和总磷；与 2014 年相比，总体水质有所改善。主要指标中，氨氮浓度下降 27.7%，总磷浓度基本持平。2015 年，长江口 7 个断面水质均达到 III 类，与 2014 年相比，总体水质基本持平。主要指标中，氨氮浓度下降 21.6%，总磷浓度基本持平。2011 ~ 2015 年上海水体中各污染物浓度如图 2-14 和 2-15 所示。

### 四、土壤重金属污染

随着上海城市化水平加快，郊区乡镇工业兴起，加重了工业"三废"、城市生活垃圾以及汽车尾气等的排放，这些已经逐渐取代农药和污水灌溉，成为目前上海土壤重金属污

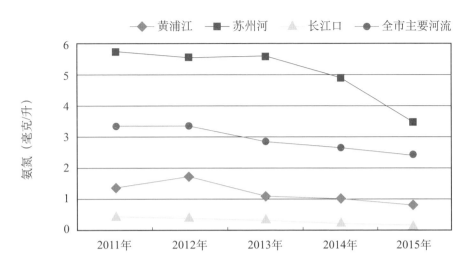

**图 2-14　2011～2015 年上海主要河流氨氮浓度变化**（上海市环境保护局，2015）

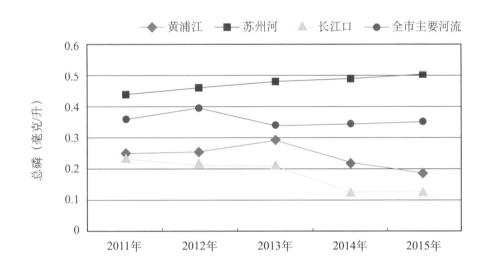

**图 2-15　2011～2015 年上海主要河流总磷浓度变化**（上海市环境保护局，2015）

染的主要来源。上海土壤重金属污染区域主要有近郊蔬菜区、蚂蚁浜地区、川沙污水灌区、松江锌厂附近、某些黄浦江疏浚底泥、吹泥地区、某些乡镇企业排出重金属地段以及交通道路两侧等，主要的污染元素有汞、镉、铬等（施婉君等，2009）。

上海土壤重金属分布具有一定的地域差异，主要与地域的功能性有关，一般工业区和交通区污染较严重。土壤重金属在不同土地利用方式下的含量差别较大：工业区土壤污染最为严重，且多为多种重金属的复合污染；交通区土壤主要以铅、锌、铜污染为主；远郊农用土壤重金属的积累较轻微，但是也有用工业矿渣铺设田间道路而导致受严重污染的现象。土壤重金属污染程度总体上体现"城—郊—乡"的梯度差异，反映工业区分布、城市交通、废弃物排放等对城市土壤重金属的分布影响。

## 第三节　上海森林资源概况

### 一、城市森林建设

自 19 世纪中叶起，上海就已经逐步成为世界知名、商贾云集、经济发达的繁华城市。但在城市发展的过程中，城市的绿化建设却长期得不到重视，仅在租界和富人居住区分布有少量公园和绿地。新中国成立后，上海从城市建设的需要和市民群众的需求出发，相继建设了人民公园、西郊公园、长风公园、杨浦公园、外滩滨江绿带、肇嘉浜林荫道等一系列公共绿地，使上海市的人均公共绿地面积从新中国成立初的 0.13 平方米，增加至 1978 年的 0.47 平方米，大大地改善了上海市民的生活环境。

改革开放以后，为与国际化大都市的地位相匹配，上海的城市森林建设得到迅猛发展。在上海市委、市政府的高度重视下，近些年《上海市绿化系统规划》《上海市城市森林规划》《上海市基本生态网络规划》《上海市林地保护利用规划（2010 ～ 2020 年)》等一系列专业规划相继出台。上海坚持"人与自然和谐相处，将森林引进城市"和"生态与经济并重，森林与城市化同步发展"的城市建设理念，以中心城区绿化为主体、郊区新城绿化为补充、生态林地和防护林地为外围支撑，形成"环、楔、廊、园、林"的生态网络规划布局，大力推进城市森林建设，森林覆盖率逐年提高。至 2015 年年底上海森林覆盖率达到 15.03%（图2-16)，实现了《上海市林业发展"十二五"规划》的发展目标。

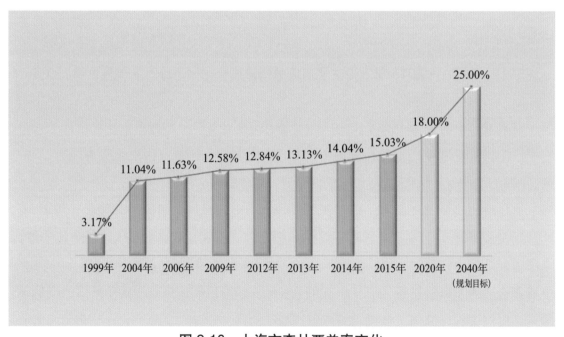

**图 2-16　上海市森林覆盖率变化**

在中心城区，上海重点发展以公园、城市景观绿地、街头开放绿地为主体的公共绿化体系，大型开放绿地和市区两级公园如延中绿地、陆家嘴中心公园、浦东世纪公园、黄兴公园、大宁公园、徐家汇公园等大批建成，几乎每个街道都建有一座 500 平方米以上的街道公园，星罗棋布地分布在城市的各个角落，基本实现了市政府"出门见绿"的城市绿化建设目标（图 2-17）。全市范围内还分布有共青国家森林公园、东平国家森林公园、佘山国家森林公园、海湾国家森林公园等 4 个国家级森林公园，以及吴淞炮台湾湿地森林公园、上海滨江森林公园、东方绿舟、上海辰山植物园等大型公园绿地，极大地丰富和满足了市民们的日常生活需要。至 2014 年年底，建成区绿化覆盖率已达 38.4%。

在城乡结合部，经近 20 年坚持不懈努力建设，上海市沿外环线两侧环中心城区建设了一条全长 98 千米、500 米宽的外环林带，至 2014 年年底已累计建设完成约 3555 公顷，宛如一根绿色项链环绕着上海的中心城区。以外环林带为基础，顾村公园、华夏公园、闵行体育公园、浦东金海湿地公园等十几个以文化旅游、体育休闲等为主题的大型公园相继建设，既美化了城市容颜，为市民度假休闲营造了自然生态的乐园，更似一道"绿色屏障"，护卫着城市的环境，保障着生态的安全。

在郊区，上海市政府转变了以往以村宅"四旁"绿化和农田林网绿化为主的建设模式，

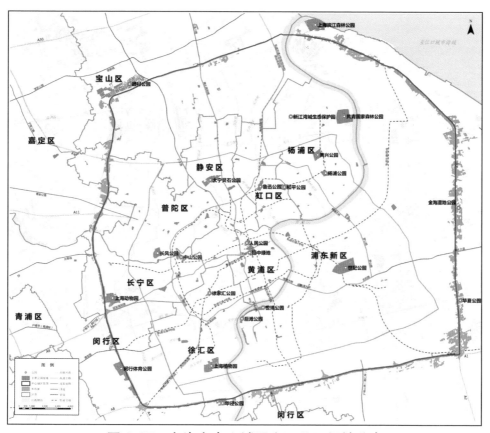

图 2-17　上海市中心城区主要公园绿地分布

加大政府财政资金投入，通过工程化造林项目建设，滚动实施"环保三年行动计划"，以政府投入引导企业和社会广泛参与，大力推动以"四类林"（水源涵养林、通道防护林、沿海防护林、污染隔离林）和生态片林为主体的生态公益林建设。

按照水网化、林网化相结合的城市森林建设理念，上海建成了以超过3500公顷黄浦江水源涵养林为核心的、涵盖全市各级主要河流湖泊的水源涵养林体系，水源涵养林总面积约1.15万公顷；建成了以高速公路、国道、省道、铁路、轨道交通两侧防护林带为主体的通道防护林体系，通道防护林总面积约2.23万公顷；沿海基干防护林带也基本合拢，与沿海地区的护路林、护岸林等构建多层次、多类型、多功能立体配置的沿海防护林体系，保障了市民生活和工农业生产的安全；此外，上海还在上海宝钢、金山石化、上海市公共卫生中心、老港生活垃圾处置场等周围设置了500多公顷的污染隔离林，保障着周边的环境。

按照分布均衡、功能多样的城市森林的布局要求，上海在闵行区、嘉定区、松江区、奉贤区、崇明县等8个区（县），建设完成了总面积近4000公顷的大型生态片林15片。根据规划，上海正在以这些片林为基础建设21个郊野公园，总面积约400平方公里，最大限度地满足市民开展户外运动、休闲游憩、科普教育的需要（图2-18）。其中，金山区廊下郊野公园已建成开放，青浦区青西郊野公园、崇明县长兴岛郊野公园、松江区松南郊野公园

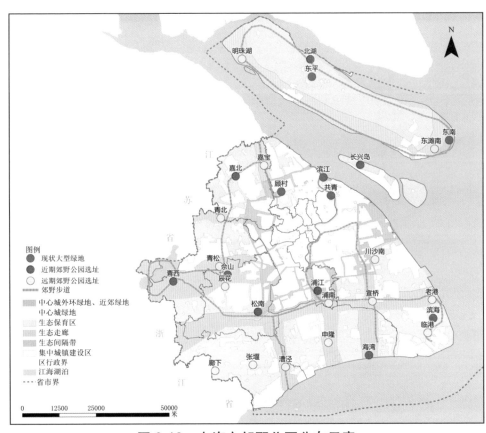

**图 2-18　上海市郊野公园分布示意**

即将建成开放。

按照区域化布局、规模化推进、标准化生产、品牌化经营的方针，上海出台一系列政策，大力扶持经济果林产业化的发展，全市经济果林面积达 1.35 万公顷。通过重点扶持龙头企业和建立专业果品交易市场，优化林果产业布局，基本形成了"一区一品"的区域栽培格局，以浦东水蜜桃、松江水晶梨、崇明柑橘、青浦枇杷、金山蟠桃、奉贤黄桃等为代表的特色果品在上海市民中已有广泛的知名度。果林产业不仅具有地方特色、市场潜力巨大，而且农民参与度高、农村收益面广。

目前，上海正在编制《上海市城市总体规划（2016～2040)》，在生态空间规划方面提出了一些初步构想，即 2040 年上海生态用地比例（含绿化广场用地）要达到陆域面积的60% 以上，森林覆盖率达到 25% 以上，人均公共绿地面积力争达到 15 平方米，构建形成"城在林中，林在城内"的生态宜居城市。

## 二、森林资源现状

上海地带性植被以常绿阔叶林和常绿落叶阔叶混交林为主。其中，红楠群落和青冈栎群落能较好地反映中亚热带的植被和环境特征。非地带性植被以潮间带植被和水生植被为主。由于冲积平原发育历史较短，且人为干扰较为严重，其地带性自然植被在长期人为活动影响下，遭到较大程度的破坏，面积大幅度地减少，残存的植被也都呈孤立的岛状分布。目前，上海全市森林资源 99% 以上为人工林，天然次生林仅存于大小金山岛和佘山地区（图 2-19)。

根据上海市 2014 年森林资源年度监测成果数据，截至 2014 年年底，上海全市林地面积 101916 公顷，森林面积 89035 公顷，森林覆盖率 14.04%。按森林类别划分，上海市公益林（地）面积为 84637 公顷，占林地总面积的 83.05%；商品林（地）面积为 17278 公顷，占林地总面积的 16.95%。

全市林地面积中，乔木林地面积 72343 公顷，占 70.98%；灌木林地面积 22175 公顷，占 21.76%；竹林地面积 3087 公顷，占 3.03%；疏林地面积 613 公顷，占 0.60%；未成林造林地面积 3615 公顷，占 3.55%；苗圃地面积 30 公顷，占 0.03%；其他林地（包括迹地、宜林地）53 公顷，占 0.05%。

灌木林地中特殊灌木林地 13605 公顷，占 61.35%；一般灌木林地 8570 公顷，占38.65%（图 2-20)。

## 三、森林资源结构

森林资源通常从林种、树种、龄组等不同角度反映森林系统功能、质量、经营状况等。

1. 林种结构

上海市城市森林按林种划分为沿海防护林、护路林、护岸林、农田防护林、水源涵养林、环境保护林、风景林、国防林、其他防护林、一般用材林、果树林、食用原料林、其

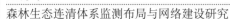

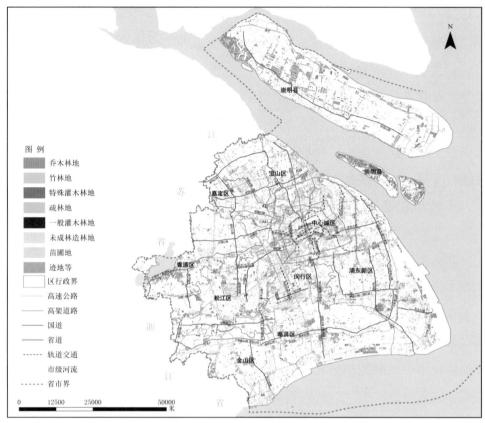

图 2-19　2014 年上海市森林资源分布

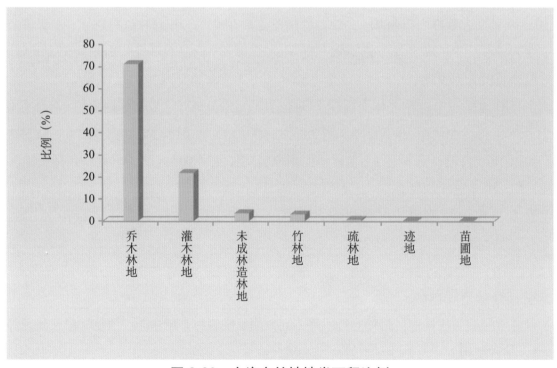

图 2-20　上海市林地地类面积比例

他经济林 13 类。各林种面积所占比例中，环境保护林占比最大，达 42.27%；其次为护路林占 17.71%，果树林占 13.74%，水源涵养林占 11.71%。占比在 1% 以下的林种为其他防护林、一般用材林、其他经济林、国防林、食用原料林（图 2-21）。

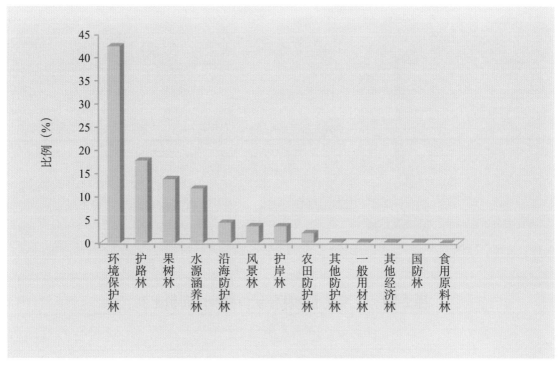

**图 2-21　上海市各林种面积比例**

### 2. 优势树种（组）结构

目前，上海城市森林群落中一般常见乔木约 68 种，小乔木及灌木约 105 种，主要常绿阔叶树种有香樟、女贞、广玉兰等；主要落叶阔叶树种有杨树、银杏、毛竹等；而落叶针叶树种则有水杉、池杉等。

上海城市森林按照优势树种（组）面积由大到小划分，依次是樟木（*Cinnamomum camphora*）、水杉（*Metasequoia glyptostroboides*）、女贞（*Ligustrum lucidum*）、竹（*Phyllostachys* spp.）、意杨（*Populus euramevicana*）、杜英（*Elaeocarpus decipiens*）。其中，樟木所占面积较大，约为城市森林总面积的 31.1%；而杜英所占面积比例相对最小，仅为 2.0%（图 2-22）。

### 3. 林龄结构

上海城市森林由于发展历史较短，人工林占较大比例，且以人工中、幼龄林（≤ 15 年）所占比重最大，达 68.1%，其中林龄小于 5 年的森林面积约占 9.8%，林龄在 6 ～ 10 年的森林面积占 24.8%，林龄在 11 ～ 15 年的约占 33.4%，而林龄大于 15 年的森林所占比例约为 32.0%（图 2-23）。

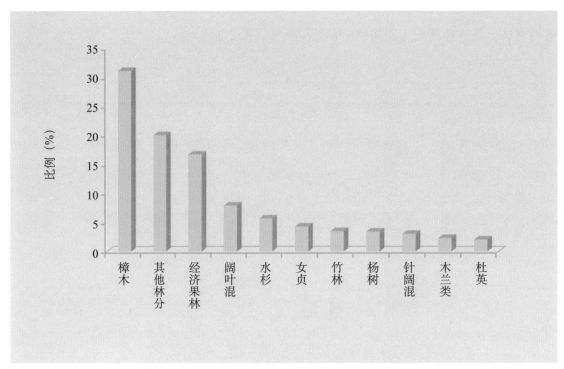

图 2-22 上海城市森林各优势树种组面积比例

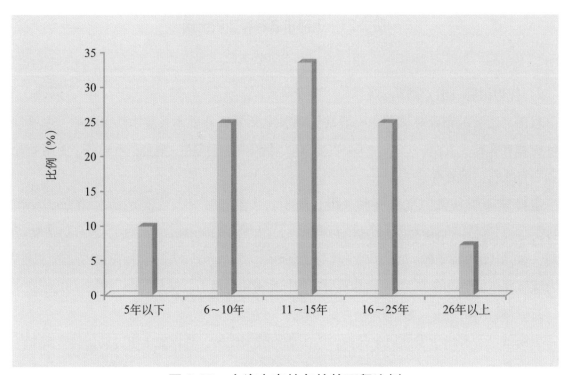

图 2-23 上海市森林各林龄面积比例

4．径阶结构

从上海城市森林径阶结构分析来看，上海地区森林主要以中小径组（平均胸径 5 ~ 25 厘米）为主，小径组（平均胸径 5.0 ~ 12.9 厘米）的森林面积所占比例最大，为 43.7%；中径组（平均胸径 13.0 ~ 24.9 厘米）森林面积约占 29.5%；大径组（平均胸径 25.0 ~ 36.9 厘米）占 3.3%；特大径组（平均胸径 ≥ 37.0 厘米）的森林面积占 0.2%；其他（平均胸径小于 5 厘米的林地、灌木林地）约占 23.3%（图 2-24）。

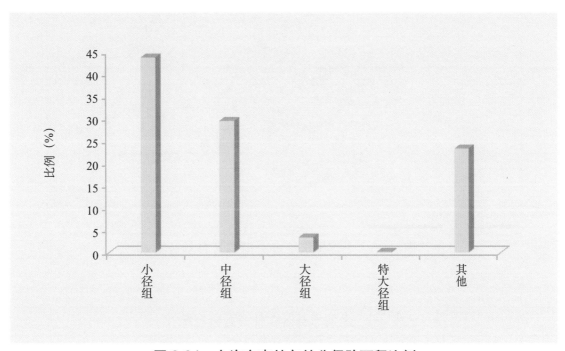

**图 2-24 上海市森林各林分径阶面积比例**

5．林分小班分布

由于村镇密布，道路水网纵横，上海的生境比较破碎。根据 2014 年上海森林资源监测成果，上海地区林分小班数量约有 25 万多个。林分小班最小面积为 0.067 公顷，最大小班面积为 53 公顷，平均小班面积为 0.34 公顷（标准偏差为 0.68），变异系数高达 200%（图 2-25）。按照定位观测样方 20 米 ×20 米，3 个重复样方，并需要考虑样地周边缓冲林分等因素，适宜建立研究样地的小班（无缝连接小班群）面积应该大于 10 公顷。另外，由于上海城市化程度高，人为活动频繁，林分受到不确定因素的干扰较多。因而，虽然有很多林分小班，但是能够满足观测需要的林分并不太多，这影响了观测站点的确定。

6．各区城市森林资源概况

上海城市森林发展的历史较短，基本均为人工造林，由于受历史发展过程及建设理念的影响，森林资源的分布在城乡间、区域间存在着较明显的差异。其中，崇明县由于生态岛建设的需要，林地面积、森林面积、森林覆盖率的比重均在全市排名第一（表 2-1）。

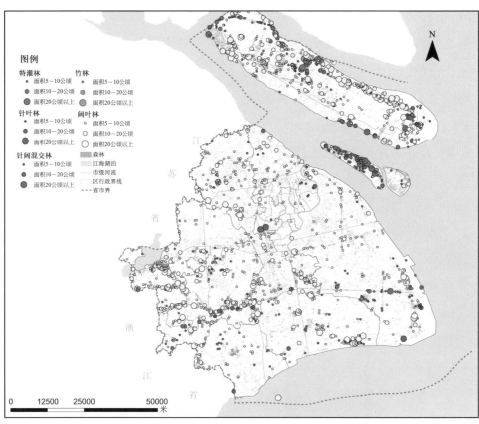

图2-25　上海地区≥5公顷连片森林分布

表2-1　上海市各区森林资源概况统计

| 统计单位 | 土地总面积<br>（公顷） | 林地面积<br>（公顷） | 森林面积<br>（公顷） | 森林覆盖率<br>（%） |
|---|---|---|---|---|
| 上海市 | 634050 | 101916 | 89035 | 14.04 |
| 中心城区 | 28944 | 4071 | 2974 | 10.27 |
| 郊区合计 | 605106 | 97844 | 86061 | 14.22 |
| 闵行区 | 37168 | 6904 | 5939 | 15.98 |
| 宝山区 | 28608 | 5082 | 4237 | 14.81 |
| 嘉定区 | 46390 | 6448 | 5669 | 12.22 |
| 浦东新区 | 121041 | 18900 | 15910 | 13.14 |
| 金山区 | 58605 | 6950 | 5787 | 9.87 |
| 松江区 | 60471 | 9703 | 8040 | 13.30 |
| 青浦区 | 67044 | 8866 | 7703 | 11.49 |
| 奉贤区 | 68739 | 8767 | 7468 | 10.86 |
| 崇明县 | 117040 | 26224 | 25307 | 21.62 |

# 第三章
# 上海城市森林生态连清体系监测布局与网络建设

20 世纪以来，人口迅速增长，工业不断发展，森林植被破坏严重，生物多样性锐减，环境恶化，生态环境保护引起各国政府高度重视，也是广大人民群众的期盼（曹世雄等，2008）。各种气候环境变化的因果过程交织在一起，通常会在较大的时空尺度上造成影响，但人们对地球在不同尺度上的物理化学动态变化的研究远远达不到认识这些过程的程度（SCHIMEL et al., 2009）。同时，针对气候变化的趋势研究目前也存在极大争议（HOUGHTON et al., 1996; HOUGHTON et al., 2001; DORAN et al., 2002; SOLOMON et al., 2007; STOCKER et al., 2013），其对生态系统的影响引起广泛关注。开展长期综合监测对了解气候环境变化尤为必要（HICKS and BRYDGES, 1994）。除了面对环境的变化，人们在生产生活中对自然资源有极强的依赖，因此合理管理自然资源，使之保持可持续发展，也是目前各种研究课题的重中之重。对自然科学信息长期有效的数据收集是合理的进行资源管理的必要前提（STORK et al., 1996; HUGHES, 2000; HERO et al., 2010）。生态学长期定位研究为生态学的发展积累各种数据、方法和经验，遥感、地理信息系统等计算机技术的不断发展也使得人们展开大尺度的研究成为可能。各国政府对生态监测的支持力度不断加大（GOSZ, 1996; VAUGHAN et al., 2001），在这种背景下，多种长期生态研究网络应运而生。

作为"地球之肺"，森林从固碳释氧、涵养水源、保持水土等多个方面与气候环境发生着相互作用。更深入地研究气候变化，保护环境，了解森林生态系统过程，对森林生态服务进行合理评估，提高森林经营水平，在森林生态系统的长期监测工作不可或缺。随着社会经济的发展，中国已经从以木材工业为主的林业转向进行生态建设，追求生态效益的长期的可持续发展的林业。森林资源连续清查是进行森林调查的重要政府行为，主要调查内容为森林面积、蓄积、覆盖率和森林健康质量等。通过森林资源清查结果，可以清楚地了解全国森林资源现状和消长变化动态，预测森林资源发展趋势。但是上述工作仅能获得森林生态系统资源方面数据，无法了解森林生态系统所能给人提供的服务。因此除了森林资源连清外，还应对森林生态系统的水分、土壤、气象和生物等生态要素进行全指标连续清查工作，收集数据可作为森林生态系统服务评估的基础，为森林经营提供数据支持，该工作主要针对森林生态要素展开，即森林生态系统长期定位观测。构建森林生态长期定位观测台站（以下简称：台站）是完成森林生态系统长期定位观测工作的前提。

针对世界上已经构建的若干尺度网络，David将长期生态监测分为如下两类（LINDENMAYER and LIKENS, 2010）：①强制性生态监测：一般为大尺度的生态监测网络，主要针对环境等方面问题展开；②专项生态监测：一般研究尺度较小，针对某一项感兴趣的科学问题或为了证明某项原理设计相应的实验方案展开研究。森林生态系统长期定位观测为大尺度下开展生态监测工作的网络，属于强制性生态监测，需以政府支持为前提开展工作。不同尺度的生态监测网络开展研究有不同的社会影响，其主要研究内容根据网络建设的目的有所不同，但是均为通过网络中台站开展数据采集，对数据进行处理分析，解决气候或环境变化等方面对各类生态系统造成的影响。但是现存的网络多为单独台站发展而来，并非根据不同尺度和不同需求从整体进行布局，而且台站隶属于不同的部门进行管理和数据采集，数据之间具有较大差异。因此，根据网络观测目的，对台站进行合理规划布局，从而在整体上对网络进行规划，是目前网络建设的发展方向，也是构建森林生态系统长期定位观测网络必须解决的问题。

不同尺度上开展森林生态系统定位观测研究的侧重点是不同的（LINDENMAYER and LIKENS, 2010）。全球、地区和国家尺度的长期观测研究主要侧重重大生态问题的长期定位观测与集成研究，旨在为生态环境建设与保护、政治外交等提供决策依据。区域和省域尺度的长期观测研究主要侧重重点林业生态工程建设和生态环境热点问题，开展森林生态系统关键生态要素作用机理研究。由于森林生态系统区域分布完整性和多样性的特点，在市级或县级尺度上全面开展网络布局的工作使得生态站布设存在重复的可能性，不仅不能体现典型抽样的思想，而且投资成本过大。因此，选择省域尺度进行森林生态系统定位观测研究网络的建设，其主要目的是通过长期定位的监测，从格局—过程—尺度有机结合的角度，研究水分、土壤、气象、生物要素的物质转换和能量流动规律，定量分析不同时空尺度上生态过程演变、转换与耦合机制，建立森林生态环境及其效益的评价、预警和调控体系，揭示该区域森林生态系统的结构与功能、演变过程及其影响机制。

## 第一节　布局原则

在国家尺度上，森林生态系统长期定位观测台站布局体系是森林生态系统长期定位研究的基础，森林生态站之间客观存在的内在联系，体现了森林生态站之间相互补充、相互依存、相互衔接的关系，和构建网络的必要性。基于上述特点，合理布局的多个森林生态系统长期定位观测台站构成森林生态系统长期定位观测网络。因此在构建森林生态系统长期定位。观测台站布局时应遵循以下原则：

（1）分区布局原则：在充分分析待布局台站区域自然生态条件的基础上，从生态建设的整体出发，根据温度、植被、地形、重点生态功能区和生物多样性保护优先区进行森林生态站网络规划布局。森林生态站应以国家森林公园或自然保护区等国有土地为首要选择，保障土地可以长时间使用。

（2）网络化原则：采用多站点联合、多系统组合、多尺度拟合、多目标融合实现多个站点协同研究，不同类型的森林生态系统联网研究，研究覆盖个体、种群、群落、生态系统、景观、区域多个尺度，实现生态站多目标观测，充分发挥一站多能，综合监测的特点。

（3）区域特色原则：不同尺度森林生态系统具有不同特点，根据不同类型生态系统的区域特色，以现有森林生态站为基础，根据区域内地带性观测的需求，建设具有典型性和代表性的生态站。

（4）工程导向原则：重大林业工程的森林生态效益评估工作也逐步展开。因此，森林生态站网络规划与建设应服务于国家重大工程建设，其布局应与重大的生态工程紧密结合。森林生态站网络布局应重点考虑重大林业生态修复工程等典型代表地区。

（5）政策管理与数据共享原则：森林生态站的建设、运行、管理和数据收集等工作应该严格遵循中华人民共和国林业行业标准《森林生态站建设技术要求》（LY/T1626—2005）、《森林生态系统定位观测指标体系》（LY/T1606—2003）、《森林生态系统长期定位观测方法》（LY/T1952—2011）的要求。网络成果实行资源和数据共享，满足各个部门和单位管理及科研需要。

根据上海自然地理特征和社会经济条件，以及城市森林生态系统的分布、结构、功能和生态系统服务转化等因素，考虑植被的典型性、生态站点的稳定性以及各站点间的协调性和可比性，确定上海城市森林生态连清体系监测站点的布局原则如下：

第一，生境类型原则。在市域尺度上，要考虑上海北部为河口三角洲、东部为滨海平原、西部为湖沼平原的地貌特点，以及从东向西土壤pH由碱性到酸性的变化规律，森林生态站要覆盖不同的生境类型。

第二，植被典型原则。在森林资源上，要考虑能够全面反映上海森林林分分布格局、特点和异质性，森林生态站涉及上海不同的林分类型，涵盖水源涵养林、沿海防护林、通道防护林、污染隔离林、生态片林、国家森林公园、城市公园、郊野公园等。

第三，生态空间原则。在生态规划上，要考虑"上海市基本生态网络规划"提出的生态空间体系和"上海市林地保护利用规划"界定的林地保护等级，森林生态站应满足不同生态功能区的观测研究需求。

第四，城乡梯度原则。在城乡差异上，从远郊到城区，森林资源逐渐减少，森林斑块破碎化程度加剧；而人口密度、经济发展水平则逐渐提高，大气、水体、土壤重金属污染程度也在加剧。因而，森林生态站的观测数据能反映城乡综合环境梯度上生态系统性质和服务功能的变化格局。

第五，长期稳定原则。在观测需求上，选定的森林生态站站点和样地，要具有长期性、稳定性、可达性、安全性，以免自然或人为干扰而影响观测研究工作的持续性。森林生态站观测数据能反映生态系统长期变化过程。

## 第二节　布局依据

生态地理区域是宏观生态系统地理地带性的客观表现。生态地理区划通常是在掌握了比较丰富的生态地理现象和事实，大致了解了区域生态地理过程、全面地认识了地表自然界的地域分异规律、在恰当的原则和方法论的基础上完成生态地理区划划分。因此，国家或地区生态地理区划研究发展情况，是该国家或地区对自然环境及其地域分异的认识深度和研究水平的体现。生态地理区域系统的建立和研究，不断促进、完善有关生态地理过程和类型的综合研究，该研究与气候、地貌、生态过程、全球环境变化、水热平衡、化学地理、生物地理群落、土壤侵蚀和坡地利用等都有密切的联系（杨勤业和郑度，2002）。

指标体系是生态区划的核心研究内容，根据不同的区划目的与原则，为不同的区划确定具体的区划指标是国内外研究的热点和难点问题（郑度等，2005；郑度等，2008）。中国典型生态区划方案中，通常采用的区划指标（郑秋红，2009）包括温度指标、水分指标、地形指标、植被指标、生态功能指标等类别，在每一类指标的具体选择与运用方面，不同区划体系又有所不同，其对比分析结果见表3-1。

中国综合自然区划和中国地理区域系统的第一级区划指标均为温度，中国地理区域系统的温度指标比中国综合自然区划的温度指标更加完善；两者的二级指标差别较大，中国综合自然区划的二级指标为土壤和植被条件，中国综合地理区域系统的二级指标为水分指标，采用了干燥指数；中国综合自然区划的三级指标为地形，而中国地理区域系统的三级指标则综合了土壤、植被和地形等因素。中国植被区划（1980）和中国植被区划（2007）基本指标体系相同，但中国植被区划（2007）指标划分比中国植被区划（1980）更加细致。中国森林区划（1997）划分指标为大地形和林区，但中国森林区划（1998）为森林立地条件。国家重点生态功能区和生物多样性保护优先区则是根据生态功能类型进行区划的划分。

综合分析中国典型生态区划方案，除国家重点生态功能区和生物多样性保护优先区外，其他都是以自然地域分异规律为主导进行划分。虽然区划的目的、原则和指标不同，但基本上都是在中国三大自然地理区域（东部季风气候湿润区、西部大陆性干旱半干旱区和青藏高原高寒区）进行的划分，各体系的具体划分结果存在着显著差异（表3-1）。

表 3-1　中国典型生态区划方案的区划指标和结果对比

| 典型区划 | 等级 | 区划指标 | 区划结果（个） |
|---|---|---|---|
| 中国综合自然区划（1959） | 温度带 | 地表积温和最冷月气温的地域差异 | 6 |
| | 自然地带和亚地带 | 土壤、植被条件 | 25 |
| | 自然区 | 地形的大体差异 | 64 |
| 中国植被区划（1980） | 植被区域 | 年均温、最冷月均温、最暖月均温、≥10℃积温值数、无霜期、年降水和干燥度 | 8 |
| | 植被亚区域 | 植被区域内的降水季节分配、干湿程度 | 16 |
| | 植被地带（亚地带） | 南北向光热变化，或地势高低引起的热量分异 | 18（8） |
| | 植被区 | 植被地带中的水热及地貌条件 | 85 |
| 中国植被区划（2007） | 植被区域 | 水平地带性的热量—水分综合因素 | 8 |
| | 植被亚区域 | 植被区域内水分条件差异及植被差异 | 12 |
| | 植被地带 | 南北向光热变化或地势引起的热量 | 28 |
| | 植被亚地带 | 植被地带内根据优势植被类型中与热量水分有关的伴生植物的差异 | 15 |
| | 植被区 | 局部水热状况和中等地貌单元造成的差异 | 119 |
| | 植被小区 | 植被区内植被差异和植被利用与经营方向不同 | 453 |
| 中国森林区划（1997） | 地区 | 以大地貌单元为单位，大地貌的自然分界为主 | 9 |
| | 林区 | 以自然流域或山系山体为单位，以流域和山系山体的边界为界 | 48 |
| 中国森林区划（1998） | 森林立地区域 | 根据我国综合自然条件 | 3 |
| | 森林立地带 | 气候（≥10℃积温，≥10℃日数，地貌、植被、土壤等） | 10 |
| | 森林立地区（亚区） | 大地貌构造、干湿状况、土壤类型、水文状况等 | 121 |
| 中国生态地理区域系统（2008） | 温度带 | 日平均气温≥10℃期间的日数和积温，1月平均气温、7月平均气温和平均年极端最低气温 | 11 |
| | 干湿地区 | 年干燥指数 | 21 |
| 国家重点生态功能区（2010） | 重点生态功能区 | 土地资源、水资源、环境容量、生态系统重要性、自然灾害危险性、人口集聚度以及经济发展水平和交通优势等方面 | 25 |
| 生物多样性保护优先区（2010） | 自然区域 | 自然条件、社会经济状况、自然资源及主要保护对象分布特点等因素 | 8 |
| | 生物多样性保护优先区域 | 生态系统类型的代表性、特有程度、特殊生态功能，以及物种的丰富程度、珍稀濒危程度、受威胁因素、地区代表性、经济用途、科学研究价值、分布数据的可获得性等因素 | 35 |

中国植被区划（1980）和中国植被区划（2007）相比，中国植被区划（2007）划分指标更加详细，因此获得区划数量更多。中国综合自然区划（1959）和中国生态地理区域系统（2008）结果划分数量相似，但中国生态地理区域系统指标划分更完善，考虑积温、水分、地形等指标，中国综合自然区划（1959）作为我国建国后最早的综合区划，其划分相对较为简单，而且多采用建国前数据。中国森林区划（1997）是以地貌单元为主的森林区划，但中国森林区划（1998）则考虑森林立地因素的森林区划，划分依据更加全面。国家重点生态功能区和生物多样性保护优先区分别根据生态功能类型和生物多样性进行划分。

中国典型生态区划主要依据气候、地形地貌和植被的空间分布格局，体现了气候和地形地貌对于植被分布的影响。中国目前已有典型生态区划若干，不同的区划侧重点不同。

(1)中国综合区划。中国综合自然区划和中国生态地理区域系统是综合生态地理区划，对温度、水分指标的划分非常明确细致，但是在对地形和植被方面的划分较为粗糙。两者相比较而言，中国生态地理区域系统的数据综合近 30 年的气象数据，而中国综合自然区划数据多采用建国前气象数据。因此，认为中国地理区域系统在温度带和水分区划方面的划分更具有优势。中国生态地理区域系统的温度水分指标是进行台站布局区划的主要指标。

(2)中国植被区划。中国植被区划(1980)、中国植被区划(2007)、中国森林区划(1997)和中国森林区划（1998）均为植被方面区划。其中国植被区划（1980）和中国植被区划(2007)均为针对中国植被进行划分，中国植被区划(2007)是综合了前人的植被区划成果完成，比中国植被区划（1980）更为完整，是目前最完整的植被区划图。中国森林区划(1997)和中国森林区划(1998)均为针对森林的区划，中国森林区划(1997)划分以河流山川为界，相对比较粗糙，而中国森林区划(1998)以中国森林立地条件为基础进行划分，每个立地区划中生态因子均为相对均质。针对森林生态系统长期定位观测构建的森林生态系统长期定位观测网络即定期的针对森林生态要素进行调查。因此，本章采用中国森林区划（1998）的森林立地指标进行计算，作为完成台站布局的基础。

(3) 生态功能区划。生物多样性保护优先区和国家重点生态功能区是中国从官方角度划分的生物多样性保护热点地区和生态功能比较重要的地区，可作为森林生态站的重点调查地区。因此，将这两种区划作为台站重点布局地区。

不同尺度上开展森林生态系统定位观测研究的侧重点是不同的（LINDENMAYER and LIKENS,2010）。全球、地区和国家尺度的长期观测研究主要侧重重大生态问题的长期定位观测与集成研究，旨在为生态环境建设与保护、政治外交等提供决策依据。区域和省域尺度的长期观测研究主要侧重重点林业生态工程建设和生态环境热点问题，开展森林生态系统关键生态要素作用机理研究。由于森林生态系统区域分布完整性和多样性的特点，在市级或县级尺度上全面开展网络布局的工作使得生态站布设存在重复的可能性，不仅不能体现典型抽样的思想，而且投资成本过大。因此，选择省域尺度进行森林生态系统定位观测研究网络的建设，其主要目的是通过长期定位的监测，从格局 - 过程 - 尺度有机结合的角度，研究水分、土壤、气象、生物要素的物质转换和能量流动规律，定量分析不同时空尺度上生态过程演变、转换与耦合机制，建立森林生态环境及其效益的评价、预警和调控体系，揭示该区域森林生态系统的结构与功能、演变过程及其影响机制。

就上海地区而言，市域面积仅 6340.5 平方公里，东西、南北经纬度跨度不大，中心城区和各郊区在地理、温度、降水等因子方面的差异性不明显，且森林基本上由人工营造而来，因此，上海城市森林生态连清体系监测布局与网络建设指标体系与天然森林生态系统有很大区别（图 3-1）。介于上海城市森林生态系统的特殊性，在进行森林生态连清体系监测布局与网络建设时，主要考虑的指标有：地貌指标、土壤指标、植被指标和生态规划指标。各指标具体内容和含义如下：

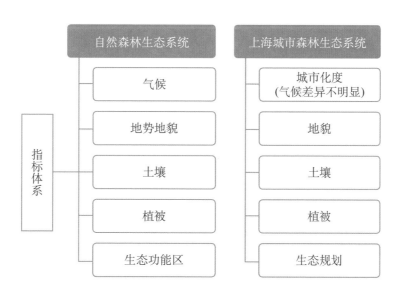

**图 3-1　森林生态连清体系监测布局与网络建设指标差异**

### 一、地貌及城市化率指标

根据上海地貌类型（图 2-2），结合农业生产特点和植树造林要求，以及上海市城市总体规划，可将上海划分为 4 个生态区（图 3-2）：

（1）河口三角洲区。包括长江河口沙岛及其延伸部分。崇明岛的海拔在 3.5 ~ 4.5 米，西部有部分低地；长兴、横沙二岛海拔在 2.5 ~ 3.5 米。

（2）西部湖沼平原区。包括太湖蝶形洼地的东延部分，包括青浦区、松江区大部、金山区北部及嘉定区西南部等。这些地区地势低平，湖荡密布，地下水位高，一般高程在

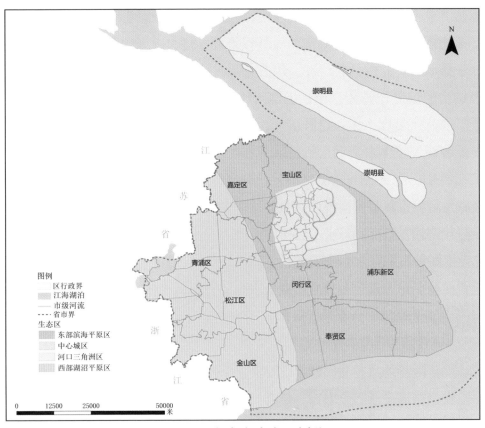

**图 3-2　上海市生态区划分**

2.2 ~ 3.5 米，其中最低处泖湖、石湖荡一带不到 2.0 米。本区零星分布有 13 座海拔不到 100 米的剥蚀残丘。

（3）东部滨海平原区。包括长江以南全新世最大海侵线以东地区。北、东、南三面地势较高，平均高程 4.0 ~ 5.0 米，包括闵行区、嘉定区、宝山区、浦东新区、奉贤区和金山区南部等，其南缘略高于北缘，最高高程在奉贤一带。

（4）中心城区（外环线以内区域）。中心城区从地理位置上属于东部滨海平原区，但由于人口极端密集（占 10% 的上海总面积，44% 的人口比例），造成了高度城市化的特殊生态系统，主要特征为：热岛效应明显，大气污染较严重（$NO_2$ 和 $PM_{2.5}$ 年均浓度均明显高于郊区）等。在绿化造林方面，中心城区以公园和绿地林分为主，生境破碎，森林连片面积较小，人为干扰较多，具有特殊的生态系统特征，有别于东部滨海平原区的其他区域。因此，有必要将其作为独立的森林生态系统进行研究。

## 二、土壤指标

2010 年上海市土壤普查数据表明，上海境内土壤类型归属于 4 个土类、7 个亚类、24 个土属和 95 个土种。水稻土占 73.6%，灰潮土占总面积的 10.4%，滨海盐土占

15.9%，黄棕壤占 0.1%。土壤酸碱性质多为中性偏碱，从东向西土壤 pH 呈由碱性到酸性的变化规律。

　　对于上海市来说，气候不是森林植被分异的主要决定因素，而不同区域土壤性质的差异，以及地下水位高低等因素对植物的生理生态适应起重要的作用，也是森林区域分异的主要自然影响因素。因此，土壤可以作为森林生态连清体系监测布局与网络建设的重要指标之一。从土壤理化性质方面来看，土壤酸碱度是影响造林树种选择的主要因素之一，因此，将上海土壤分成三大类：pH < 6.5、6.5 ≤ pH < 7.5、pH ≥ 7.5（图 3-3）。

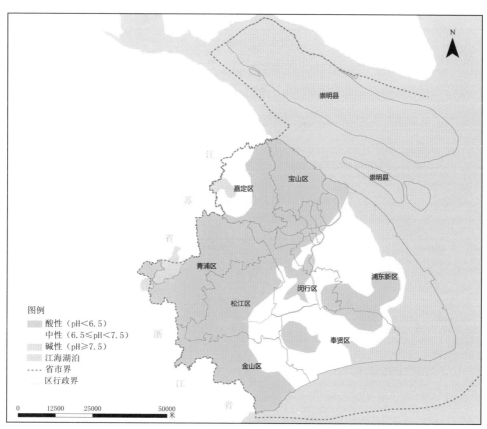

**图 3-3　上海市土壤 pH 值分布**

### 三、植被指标

　　根据森林资源调查，上海境内基本上均为人工林，尚存少量的天然次生林，且受人为影响大，森林植被具有典型的城市森林特征。森林生态站和观测点的选择既要涵盖主要的优势树种（组），如阔叶林、针叶林、针阔混交林；又要涵盖不同功能的林种，如水源涵养林、沿海防护林、通道防护林、污染隔离林、风景林（国家森林公园、城市公园、郊野公园）等；还要考虑森林的起源，如人工林和天然林。

由于上海河网密布、道路纵横、生境破碎，森林往往被河流、道路等割裂。因此，应选择生境破碎程度较低、能够满足观测样地建设要求、连片面积大于 10 公顷的森林（图 3-4），才能有效代表森林群落、土壤、小气候等特点。

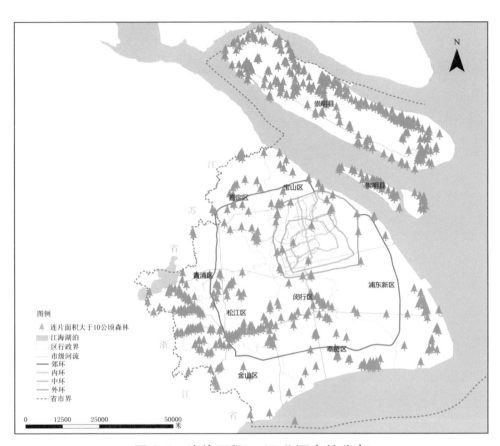

**图 3-4　连片面积 ≥ 10 公顷森林分布**

（数据来源：2014 年森林资源一体化监测成果数据）

### 四、生态规划指标

上海人工林大多在流转农田上营造，森林及林地权属多元化，部分林分的稳定性较差。开展森林生态系统长期定位观测研究，森林和林地的稳定性是非常重要的因素。

根据"上海市基本生态网络规划（2011）"提出的生态空间体系（图 3-5），重点在生态保育区、生态走廊、中心城绿地、外环绿带和近郊绿环中选择符合条件的森林；同时，根据"上海市林地保护利用规划"界定的林地保护等级，在 I 级和 II 级保护林地中选择符合条件的森林。通过这两个要素来进行控制筛选，得出的森林稳定性较强，以保证森林生态站观测研究工作的持续性。

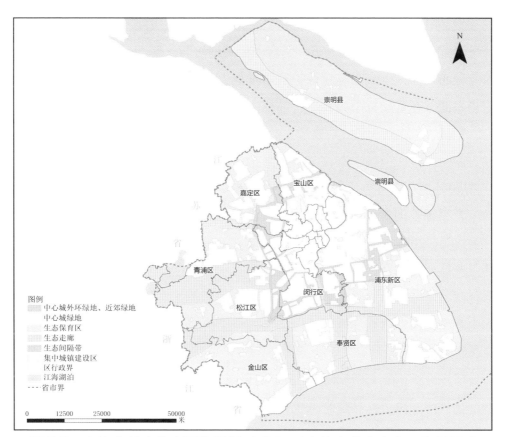

**图 3-5　上海市基本生态网络规划**（引自：《上海市基本生态网络规划》）

## 第三节　布局方法

遥感（RS）、地理信息系统（GIS）和全球定位系统（GPS）形成的 3S 技术及其相关技术是近年来蓬勃发展的一门综合性技术，利用 3S 技术能够及时、准确、动态地获取资源现状及其变化信息，并进行合理的空间分析，对实现陆地生态系统的动态监测与管理、合理的规划与布局具有重要的意义。

地理信息系统（GIS）是在计算机硬、软件系统支持下，对现实世界（资源与环境）的研究和变迁的各类空间数据及描述这些空间数据特性的属性进行采集、储存、管理、运算、分析、显示和描述的技术系统，它作为集计算机科学、地理学、测绘遥感学、环境科学、城市科学、空间科学、信息科学和管理科学为一体的新兴边缘学科而迅速地兴起和发展起来。其中，地理信息系统是以分层的方式组织地理景观，将地理景观按主题分层提取，同一地区的整个数据集表达了该地区某种地理景观的内容。从实现机制上而言，基于空间和非空间数据的联合运算的空间分析方法是实现规划目的的最佳方法。

因此，本规划利用这种空间分析技术，依据《国家林业局陆地生态系统定位研究网络中长期发展规划（2008～2020)》中森林生态站布局，在上海城市森林生态连清体系监测布局与网络建设原则和依据的指导下，结合上海的地貌与土壤pH值特征、上海城市森林的组成结构与分布规律、上海市林地保护利用规划以及上海市基本生态网络规划等因素，利用地理信息系统，在基于每个因素进行抽样的基础上，实施叠加分析，明确上海市森林生态系统定位研究站点的分布和规划数量。

## 一、布局特点

森林生态系统长期定位观测研究是揭示森林生态系统结构与功能变化规律的重要方法和手段（王兵等，2003)，森林生态系统长期定位观测研究网络是获得大尺度森林生态系统变化及其与气候变化相互作用等数据信息的重要手段。在典型地区建立森林生态系统长期定位观测台站，对该区域内森林生态系统的结构、能量流动和物质循环进行长期监测，是研究森林生态系统内在机制和自身动态平衡的重要研究方法。因此，决定了森林生态系统长期定位观测台站布局应具有以下特点：

（1）长期连续性：森林生态系统长期定位观测台站目的是研究森林生态系统结构和功能及其动态变化规律。由于森林生态系统存在生长周期长、结构功能复杂，而且有环境效应滞后等问题，因此短期调查和实验数据无法解释森林生态系统内部和系统与外界物质能量交换等关系，有些生态过程甚至需将时间尺度扩展至数百年，甚至更久。

（2）长期固定性：森林生态系统长期定位观测台站研究不仅需要时间上的连续性，还要保证地点固定。因此在森林生态站选址时，一般考虑国有土地（如国家公园、自然保护区等)，以保证森林生态站用地，可以在同一地点开展长期观测，以保证实验的长期连续性。

（3）观测指标及方法的一致性：森林生态站单一站点的研究可以保证实验的连续性，但由于不同森林生态系统环境差异较大，不同的指标和观测方法会使实验解决差异较大。为了保证森林生态站之间数据具有较好的可比性，森林生态系统长期定位观测网络需要具有统一的建设标准、观测指标及观测方法。

## 二、布局体系要求

森林生态系统长期定位观测台站布局体系是森林生态系统长期定位研究的基础、森林生态站之间客观存在的内在联系，体现了森林生态站之间相互补充、相互依存、相互衔接的关系和构建网络的必要性。基于上述特点，合理布局的多个森林生态系统长期定位观测台站构成森林生态系统长期定位观测网络。因此在构建森林生态系统长期定位观测台站布局时应遵循以下要求：

（1）实行分区布局：在充分分析待布局台站区域自然生态条件的基础上，从生态建设的整体出发，根据温度、植被、地形、重点生态功能区和生物多样性保护优先区进行森林生态站网络规划布局。森林生态站应以国家森林公园或自然保护区等国有土地为首要选择，保障土地可以长时间使用。

（2）满足网络协同：采用多站点联合、多系统组合、多尺度拟合、多目标融合实现多个站点协同研究，不同类型的森林生态系统联网研究，研究覆盖个体、种群、群落、生态系统、景观、区域多个尺度，实现生态站多目标观测，充分发挥一站多能，综合监测的特点。

（3）体现区域特色：不同尺度森林生态系统具有不同特点，根据不同类型生态系统的区域特色，以现有森林生态站为基础，根据区域内地带性观测的需求，建设具有典型性和代表性的生态站。

（4）坚持工程导向：重大林业工程的森林生态效益评估工作也逐步展开。因此，森林生态站网络规划与建设应服务于国家重大工程建设，其布局应与重大林业生态工程紧密结合。森林生态站网络布局应重点考虑重大林业生态修复工程等典型代表地区。

（5）实现数据共享：森林生态站的建设、运行、管理和数据收集等工作应该严格遵循中华人民共和国林业行业标准《森林生态站建设技术要求》（LY/T1626—2005）、《森林生态系统定位观测指标体系》（LY/T1606—2003）、《森林生态系统长期定位观测方法》（LY/T1952—2011）的要求。网络成果实行资源和数据共享，满足各个部门和单位管理及科研需要。

### 三、主要研究方法

森林生态系统长期定位观测台站布局在典型抽样思想指导下完成。典型抽样即挑选若干有典型代表性的样本进行研究，是研究在全球及区域尺度上环境变化的重要方式，也被应用于针对资源清查中生态质量与生态系统的服务功能调查研究。生态站应选择典型的有代表性的生态学研究区域进行长期生态学研究（STRAYER et al., 1986）。将典型抽样的思想应用于网络布局中，既体现了全局认识，又有侧重且兼顾的思想。因此，典型抽样是进行生态站网络布局的适合方法。而生态地理区划是根据生态环境特点，将大面积的区域根据温度、水分、植被、地形等情况的不同划分为相对均质的区域（OMERNIK; GUOHUA and BOJIE, 1998），每个小的生态区都有自己的特点。因此，以生态地理区划为依据完成生态站网络布局，是在大尺度范围内进行长期生态学研究，完成点到面转换的较好的方式。

典型抽样需根据待布局区域的气候和森林生态系统特点，结合台站布局特点和布局体系原则，根据台站观测要求，选择典型的、具有代表性的区域完成台站布局，构建森林生态系统长期定位观测网络。综上所述，需选择合适的抽样方法，实现典型抽样的思想，获得适合构建森林生态站的典型且具有代表性区域。其次，需选择合适的空间分析方法完成抽样数据处理。最后，在布局体系构建完成后，还应有定量化的方法对布局结果进行评估。

森林生态系统长期定位观测台站布局在典型抽样思想指导下完成。需根据待布局区域的气候和森林生态系统特点，结合台站布局特点和布局体系原则，根据台站观测要求，选择典型的、具有代表性的区域完成台站布局，构建森林生态系统长期定位观测网络。综上所述，需选择合适的抽样方法，实现典型抽样的思想，获得适合构建森林生态站的典型且具有代表性区域。其次，需选择合适的空间分析方法完成抽样数据处理。最后，在布局体系构建完成后，还应有定量化的方法对布局结果进行评估。

1. 抽样方法

抽样是进行台站布局的基本方法。简单随机抽样、系统抽样和分层抽样是目前最常用的经典抽样模型。由于简单随机抽样不考虑样本关联，系统和分层抽样主要对抽样框进行改进，一般情况下抽样精度优于简单随机抽样。

（1）简单随机抽样是经典抽样方法中的基础模型。该方法适合当样本在区域 D 上随机分布，且样本值的空间分异不大的情况下，可通过简单随机抽样得到较好的估计值。

（2）系统抽样是经典抽样中较为常用的方法。该种方法较简单随机抽样更加简单易行，不需要通过随机方法布置样点，适用于抽样总体没有系统性特征，或者其特征与抽样间隔不符合的情况。反之，当整体含有周期性变化，而抽样间隔又恰好与这种周期性相符，则会获得偏倚严重的样本。因此，该方法不适合用于具有周期性特点的情况。

（3）分层抽样又称为分类抽样或类型抽样。该抽样方法是将总体单位按照其属性特征划分为若干同质类型或层，然后在类型或层中随机抽取样本单位。通过划类分层，获得共性较大的单位，更容易抽选出具有代表性的调查样本。该方法适用于总体情况复杂、各单位之间差异较大和单位较多的情况。层内变差较小而层间变差较大时，分层抽样可较好地提高抽样精度。该种方法需用户更好地把握总体分异情况，从而较好地确定分层的层数和每个层的抽样情况。

根据 Cochran 分层标准，分层属性值相对近似的分到同一层。传统的分层抽样中，样本无空间信息，但是在空间分层抽样中，这种标准会使分层结果在空间上呈现离散分布，无法进行下一步工作。因此，空间分层抽样除了要达到普通分层抽样的要求，还应具有空间连续性。该思路符合 Tobler 第一定律：在进行空间分层抽样时，距离越近的对象，其相似度越高（Miller, 2004）。

森林生态系统结构复杂，符合分层抽样的要求。国家或者省域尺度森林生态系统长期定位观测台站布局可通过分层抽样的方法来实现。生态地理区划是根据不同的目的，采用不同的指标将研究区域划为相对均质的分区，即为分层。通过将研究区划分相对均质的区域，选择典型的具有代表性的完成区域台站布局。分层后可采用随机抽样的方式选择站点。分层完成后，通过 ArcGIS 中的 Feature To Point（Inside）功能提取待布设台站分区的空间内部中心点布设森林生态站。

2. 空间分析

空间分析是图形与属性的交互查询，是从个体目标的空间关系中获取派生信息和知识的重要方法，可用于提取和传输空间信息，是地理信息系统与一般信息系统的主要区别。目前，空间分析主要包括空间信息量算、信息分类、缓冲区分析、叠置分析、网络分析、空间统计分析，主要研究内容包括空间位置、空间分布、空间形态、空间距离和空间关系。本书使用空间分析功能主要为了实现分层抽样，对已有的主要采用了空间叠置分析和地统计学方法。

（1）空间叠置分析。空间叠置分析是 GIS 的基本空间分析功能，是基于地理对象的位置和形态的空间数据分析技术，可用于提取空间隐含信息。该种分析方式包括逻辑交、逻辑差、逻辑并等运算。

由于森林生态系统的复杂性，单一的生态地理区划较难满足分层抽样的需求。因此需对比分析典型生态地理区划的特点，筛选适合森林生态系统长期定位观测台站布局的指标，通过空间叠置分析可提取具有较大共性的相对均质区域。本书中主要叠置分析对象为多边形，采用操作为交集操作（Intersect），公式见 3.1。

$$x \in A \cap U \tag{3.1}$$

式中：A，B——进行交集的两个图层；

x——结果图层。

（2）空间插值方法。人们为了解各种自然现象的空间连续变化，采用若干空间插值的方法，将离散的数据转化为连续的曲面。主要分为两种：空间确定性插值（表 3-2）和地统计学方法。其中，空间确定性插值主要是通过周围观测点的值内插或者通过特定的数学公式内插，较少考虑观测点的空间分布情况。所以，我们选择地统计学方法进行上海市森林生态系统定位研究网络布局。

表 3-2　空间确定性插值

| 方法 | 原理 | 适用范围 |
|---|---|---|
| 反距离权插值法 | 基于相似性原理，以插值点和样本点之间的距离为权重加权平均，离插值点越近，权重越大 | 样点应均匀布满整个研究区域 |
| 全局多项式插值法 | 用一个平面或曲面拟合全区特征，是一种非精确插值 | 适用于表面变化平缓的研究区域，也可用于趋势面分析 |
| 局部多项式插值 | 采用多个多项式，可以得到平滑的表面 | 适用于含有短程变异的数据，主要用于解释局部变异 |
| 径向基函数插值法 | 适用于对大量点数据进行插值计算，可获得平滑表面 | 但如果表面值在较短的水平距离内发生较大变化，或无法确定样点数据的准确定，则该方法并不适用 |

地统计学主要用于研究空间分布数据的结构性和随机性，空间相关性和依赖性，空间格局与变异等。该方法以区域化变量理论为基础，利用半变异函数，对区域化变量的位置采样点进行无偏最优估计。空间估值是其主要研究内容（图 3-6），估值方法统称为 Kriging 方法。Kriging 方法是一种广义的最小二乘回归算法。半变异函数公式如下：

$$\gamma(h) = \frac{1}{2N(h)} \sum_{a=1}^{N(h)} [Z(u_a) - Z(u_a + h)]$$ (3.2)

式中：$Z(u_a)$——位置在 $a$ 的变量值；

$N(h)$——距离为 $h$ 的点对数量。

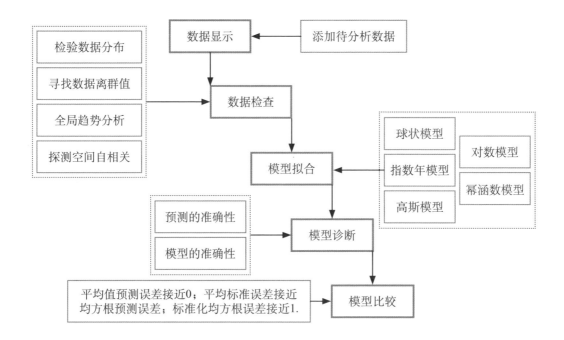

Kriging 方法在气象方面的使用最为常见，主要可对降水、温度等要素进行最优内插，可使用该方法对上海土壤环境数据进行分析。由于球状模型用于普通克里格插值精度最高，且优于常规插值方法（何亚群等，2008），因此本书采用球状模型进行变异函数拟合，获得上海市森林分布要素的最优内插。球状模型见公式 3.3。

$$\gamma(h) = \begin{cases} 0 & h = 0 \\ C_0 + C\left(\frac{3}{2} \times \frac{h}{a} - \frac{1}{2} \times \frac{h^3}{a^3}\right) & 0 < h \leqslant a \\ C_0 + C & h > a \end{cases}$$ (3.3)

式中：$C_0$——块金效应值，表示 $h$ 跟小时两点间变量值的变化；

$c$——基台值，反映变量在研究范围内的变异程度；

$a$——变程；

$h$——滞后距离。

（3）合并标准指数。在进行空间选择合适的生态区划指标经过空间叠置分析后，各区划指标相互切割获得许多破碎斑块，如何确定被切割的斑块是否可作为监测区域，是完成台站布局区划必须解决的问题。本书采用合并标准指数（Merging Criteria Index, MCI），以量化的方式判断该区域是被切割，还是通过长边合并原则合并至相邻最长边的区域中，公式见3.4：

$$MCI = \frac{\min(S, S_i)}{\max(S, S_i)} \times 100\%$$

（3.4）

式中：$S_i$——待评估生态分区中被切割的第 $i$ 个多边形的面积，$i=1, 2, 3, \cdots, n$；

　　　$n$——该生态分区被地貌和土壤指标切割的多边形个数；

　　　$S$——该生态分区总面积减去 $S_i$ 后剩余面积。

如果 $MCI \geqslant 70\%$，则该区域被切割出作为独立的台站布局区域；如 $MCI < 70\%$，则该区域根据长边合并原则合并至相邻最长边的区域中；假如 $MCI < 70\%$，但面积很大（该标准根据台站布局研究区域尺度决定），则也考虑将该区域切割出作为独立台站布局区域。

（4）复杂区域均值模型。由于在大区域范围内空间采样不仅有空间相关性，还有极大的空间异质性。因此，传统的抽样理论和方法较难保证采样结果的最优无偏估计。王劲峰等（2009）提出"复杂区域均值模型（Mean of Surface with Non-homogeneity，MSN）"，将分层统计分析方法与 Kriging 方法结合，根据指定指标的平均估计精度确定增加点的数量和位置（Wang et al., 2009）。该模型是将非均质的研究区域根据空间自相关性划分为较小的均质区域，在较小的均质区域满足平稳假设，然后计算在估计方差最小条件下各个样点的权重，最后根据样点权重估计总体的均值和方差（Hu et al., 2011）。模型结合蒙特卡洛和粒子群优化方法对新布局采样点进行优化，加速完成期望估计方差的计算。该方法可用于对台站布局数量的合理性进行评估，主要思路是结合已存在样点，分层抽样的分层区划和期望的估计方差，根据蒙特卡洛和粒子群优化方法逐渐增加样点数量，直到达到期望估计方差的需求。

MSN 空间采样优化方案结构体系流程见图 3-7，具体公式如下：

$$n = \frac{(\sum W_h S_h \sqrt{C_h}) \sum (\frac{W_h S_h}{\sqrt{C_h}})}{V + (1 + N) \sum W_h S_h^2}$$

（3.5）

式中：$W_h$——层的权；

　　　$S_h^2$——层真实的方差；

　　　$N$——样本总数；

　　　$V$——用户给定的方差；

$C_h$——每个样本的数值；

$n$——达到期望方差后所获得的样本个数。

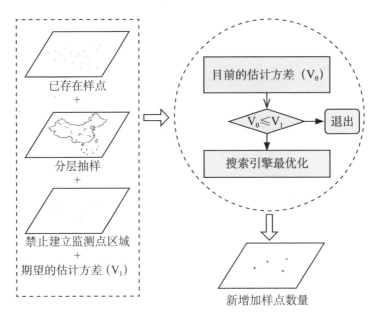

**图 3-7　MSN 空间采样优化方案体系结构**（Hu et al., 2010）

根据上述选区的研究方法及区划指标，本书采用以下的技术流程（图 3-8），主要包括指标体系设计、功能区划与网络构建。

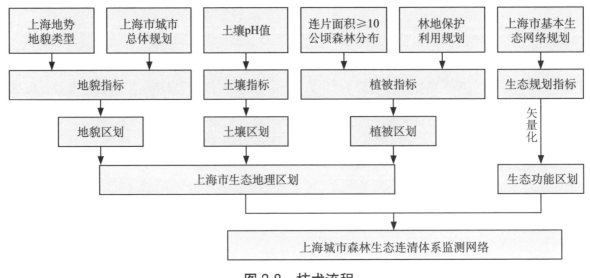

**图 3-8　技术流程**

在具体的实施过程中，借助 ArcGIS 桌面软件的字段计算功能以及空间叠置分析技术，通过分层抽样结合复杂区域均值模型，以 MCI 指数为标准，结合实地情况，遵守建站选址原则，确定各森林生态站站点位置，从而构建上海城市森林生态连清体系监测网络。具体步骤如下：

（1）根据上海市 2014 年森林资源一体化监测成果数据，在全市域范围内，利用 ArcGIS 桌面软件在其属性表中根据面积（area）字段和等级（level）字段应用字段计算器，筛选出林地保护等级为 I 级和 II 级且连片面积大于 10 公顷的森林，得到符合条件的森林斑块 86 个（见附表），生成新图层，即得到上海市连片面积 ≥ 10 公顷森林分布图（图 3-9）。

（2）基于上海市地貌类型图，依据地貌类型及城市化程度，将上海市域人为分成河口三角洲区、东部滨海平原区、西部湖沼平原区和中心城区 4 个生态区，再将该图层与土壤 pH 值分布图进行叠置分析，以 *MCI* 指数为标准，人工识别合并细碎区域到相邻最长边的区域，得到 10 个相对均质区域，即生态亚区（图 3-10，表 3-1）。

将上海市生态区划图层（图 3-10）、基本生态网络规划图层（图 3-5）与符合条件的连片面积 ≥ 10 公顷森林分布图（图 3-9）统一边界与坐标投影后进行叠置分析，并设置不同图层的透明度，以使地图直观清晰，进而得到多图层叠置分析图（图 3-11）。

在 10 个生态亚区中，以植被典型性、森林主导功能、观测研究目标、森林生态站的稳定性和可达性为选择标准，通过分层抽样法，应用复杂区域均值模型，结合实地情况，在每一个生态功能区选出 1～2 个森林生态站，共拟建 12 个森林生态站（图 3-12）。在站点

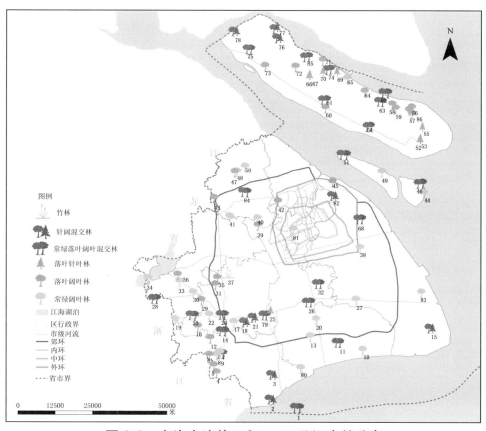

**图 3-9　上海市连片面积 ≥ 10 公顷森林分布**

（数据来源：2014 年森林资源一体化监测成果数据）

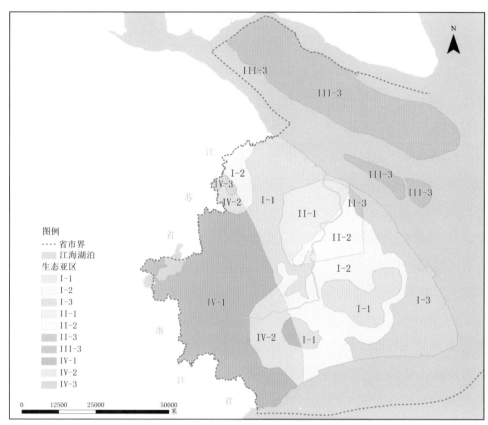

图 3-10 上海市生态分区区划

表 3-1 上海市生态分区区划

| 生态区 | 土壤<br>酸碱性 | 区（县） |
|---|---|---|
| I 东部滨海<br>平原区 | 1酸性土壤 | 嘉定区、宝山区、浦东新区、奉贤区、闵行区、松江区、青浦区 |
| | 2中性土壤 | 浦东新区、奉贤区、嘉定区、闵行区、金山区、松江区 |
| | 3碱性土壤 | 浦东新区、奉贤区 |
| II 中心<br>城区 | 1酸性土壤 | 宝山区、嘉定区、普陀区、虹口区、闸北区、杨浦区、静安区、长宁区、黄浦区、徐汇区、闵行区、浦东新区 |
| | 2中性土壤 | 浦东新区、杨浦区、黄浦区、徐汇区 |
| | 3碱性土壤 | 浦东新区 |
| III 河口三<br>角洲区 | 3碱性土壤 | 崇明县 |
| IV 西部湖<br>沼平原区 | 1酸性土壤 | 青浦区、松江区、金山区、奉贤区 |
| | 2中性土壤 | 金山区、松江区、嘉定区、奉贤区、闵行区 |
| | 3碱性土壤 | 嘉定区 |

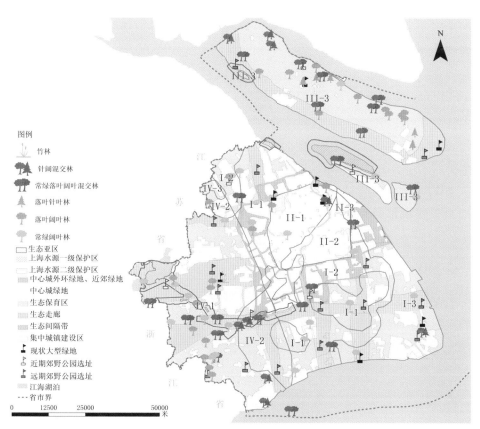

图 3-11　多图层叠置分析

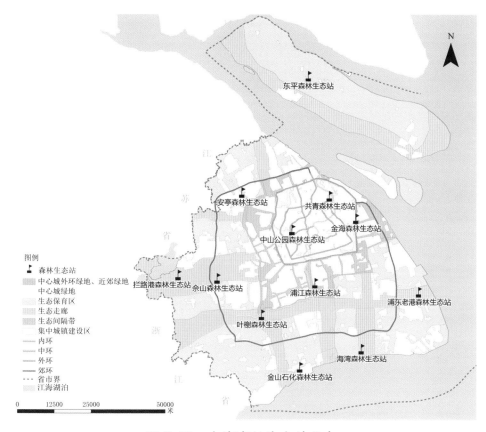

图 3-12　上海森林生态站分布

选择方面遵循"优先考虑国家级或省级森林公园、自然保护区、国有林场等，一般不建在集体林区或其他非国有林区"的原则。

## 第四节 总体布局及特点

### 一、总体布局

在生态系统的物种组成上，上海城市森林主要为人工林，仅有少量次生自然林残存于佘山、大金山岛等丘陵山体，其植被类型、种类组成与自然环境之间的联系并不像自然植被那样紧密；但在生态系统的功能上，上海城市森林在物质生产、元素周转、水分循环等生态过程方面依然受到自然条件，尤其是土壤立地条件的影响；在生态系统的服务上，上海城市森林的主导功能取决于所处城市区位和生态规划定位。因而，针对上述划分的 10 个生态亚区，结合其主要植被类型特征及生态规划导向，选取 12 个城市森林生态观测站（表 3-2，图 3-14）。其中，中心城区碱性土壤亚区和西部湖沼平原区碱性土壤亚区，因面积小，未布设观测站点。

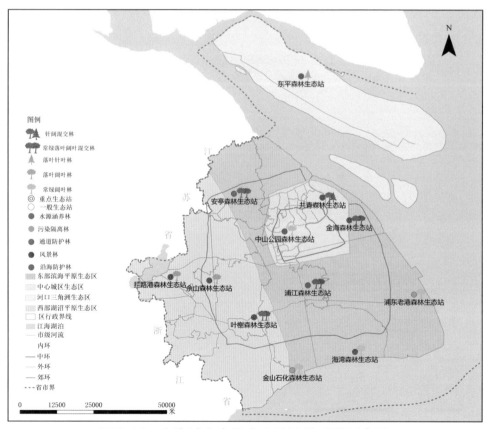

**图 3-14 上海城市森林生态连清体系监测布局**

表 3-2　上海森林生态系统定位观测研究站特点

| 生态区 | 观测站点名称 | 所在区（县） | 林种 | 优势树种组 | 起源 | 林龄 | 基本生态网络规划 | 建设单位（建议） |
|---|---|---|---|---|---|---|---|---|
| 中心城区 | 中山公园森林生态站 | 长宁区 | 风景林 | 常绿阔叶林 | 人工林 | 成熟林 | 中心城绿地 | 中山公园管理处 |
| | 共青国家森林生态站 | 杨浦区 | 风景林 | 针阔混交林 | 人工林 | 近熟林 | 中心城绿地 | 共青国家森林公园管理处 |
| | 金海森林生态站 | 浦东新区 | 通道防护林 | 常绿落叶阔叶混交林 | 人工林 | 幼龄林 | 中心城外环绿带 | 浦东新区林业站 |
| 西部湖沼平原区 | 叶榭森林生态站 | 松江区 | 水源涵养林 | 常绿落叶阔叶混交林 | 人工林（近自然林） | 幼龄林 | 黄浦江生态走廊 | 松江区林业站 |
| | 佘山森林生态站 | 松江区 | 风景林 | 落叶阔叶林 | 天然林（天然次生林） | 近熟林 | 青松生态走廊 | 佘山国家森林公园管理处 |
| | 拦路港森林生态站 | 青浦区 | 水源涵养林 | 落叶阔叶林 | 人工林 | 幼龄林 | 青松生态走廊 | 青浦区林业站 |
| | 金山石化森林生态站 | 金山区 | 污染隔离林 | 常绿阔叶林 | 人工林 | 幼龄林 | 生态保育区 | 金山区林业站 |
| | 海湾森林生态站 | 奉贤区 | 风景林（沿海防护林） | 常绿阔叶林 | 人工林（近自然林） | 幼龄林 | 浦奉生态走廊 | 海湾国家森林公园管理处 |
| 东部滨海平原区 | 浦江森林生态站 | 闵行区 | 水源涵养林 | 常绿落叶阔叶混交林 | 人工林 | 幼龄林 | 生态间隔带 | 闵行区林业站 |
| | 老港森林生态站 | 浦东新区 | 污染隔离林 | 常绿阔叶林 | 人工林 | 幼龄林 | 大治河生态走廊 | 上海老港生活垃圾处置有限公司 |
| | 安亭森林生态站 | 嘉定区 | 通道防护林 | 常绿落叶阔叶混交林 | 人工林 | 幼龄林 | 生态保育区 | 嘉定区林业站 |
| 河口三角洲 | 东平森林生态站 | 崇明县 | 风景林（沿海防护林） | 落叶针叶林 | 人工林 | 成熟林 | 生态保育区 | 东平国家森林公园管理处 |

1. 中心城区观测站群

中心城区为外环线以内区域，面积约 660 平方千米，约占上海总面积的 10.41%；人口约 1000 万，约占上海常住人口的 41.67%。其中，内环为中心城区的核心区，面积约 120 平方千米，约占上海总面积的 1.89%；人口约 355.58 万，约占上海常住人口的 14.67%。中心城区人口极端密集，城市的建设和发展带来了诸多生态环境问题，如大气污染、热岛效应、生物多样性锐减等，形成了高度城市化的特殊生态系统。该区森林以公园和绿地林分为主，生境破碎，森林连片面积较小，人为干扰较多。

公园和绿地作为城市中唯一有绿色生命的基础设施，主要满足城市居民景观游憩的需求，同时也为改善中心城区生态环境、保障居民健康发挥着无可替代的生态系统服务功能。因此，布设中山公园森林生态站、共青森林生态站、金海森林生态站共 3 个森林生态站。

（1）中山公园森林生态站：隶属于中心城区酸性土壤亚区。该区从地理位置上属于东部滨海平原区，平均高程 4.0 ～ 5.0 米；土壤 pH 值普遍小于 6.5。该区近 10 年来年均温为 17.66℃、年均降水量为 1290.16 毫米，受高楼遮挡等因素影响其年均日照时数为 1495.09 小时。

该区城市森林主要为人工林，包括落叶阔叶林、常绿阔叶林以及针阔混交林。中山公园生态站以常绿阔叶林为主，常见物种为香樟、水杉、雪松等，在生态网络规划中属于城市绿地，其主导功能是风景游憩。

（2）共青森林生态站：隶属于中心城区酸性土壤亚区。该区从地理位置上属于东部滨海平原区，平均高程 4.0 ～ 5.0 米；土壤 pH 值介于 6.5 ～ 7.5 之间。该区近 10 年来年均温为 17.34℃、年均降水量为 1158.62 毫米，其年均日照时数为 1692.03 小时。

该区城市森林主要为人工林，包括落叶阔叶林、常绿阔叶林以及针阔混交林。共青森林生态站以针阔混交林为主，主要树种有水杉、池杉、枫香、香樟、柏树、雪松、乌桕、红枫、垂柳等，在生态网络规划中属于城市绿地，其主导功能是风景游憩。

（3）金海森林生态站：隶属于中心城区中性土壤亚区。该区从地理位置上属于东部滨海平原区，平均高程 4.0 ～ 5.0 米；土壤 pH 值介于 6.5 ～ 7.5 之间。该区近 10 年来年均温在 17.15℃、年均降水量为 1261.63 毫米，年均日照时数为 1831.3 小时。

该区少有连续大面积分布的城市森林，主要集中在外环线绿带两侧，主要类型是常绿落叶阔叶混交林。金海森林生态站以常绿落叶阔叶混交林为主，主要树种有香樟、女贞、无患子，生态站在生态网络规划中属于中心城外环绿带，其主导功能是通道防护。

2. 西部湖沼平原观测站群

西部湖沼平原区为太湖蝶形洼地的东延部分，包括青浦区、松江区大部分、金山区北部及嘉定区西南部等，面积约 1719 平方千米，约占上海总面积的 27.11%。西部湖沼平原区地势低平；湖荡密布，地下水位高。其中，最低处泖湖、石湖荡一带高程不到 2.0 米；佘山地区零星分布有 13 座海拔不到 100 米的剥蚀残丘，是上海唯一的自然山林景观。西部湖沼平原区以人工营造的水源涵养林为主，佘山地区有少量残存的天然次生林。

以黄浦江流域为主线，兼顾黄浦江支流，在黄浦江上游主要支流建立拦路港森林生态站，在黄浦江中上游建立叶榭森林生态站，在佘山低岭残丘建立佘山森林生态站。

（1）拦路港森林生态站：隶属于西部湖沼平原区酸性土壤亚区。该区位于上海最西侧，涉及青浦区、松江区、金山区、奉贤区，平均高程 2.2 ～ 3.5 米；土壤 pH 值普遍小于 6.5。该区年均温在 16.93℃、年均降水量为 1089.29 毫米，年均日照时数为 1659.16 小时。

该区面积较大的城市森林斑块数量较多，常见的人工林包括常绿阔叶林、落叶阔叶林、常绿落叶阔叶混交林、针阔混交林以及落叶针叶林；其中，香樟、杜英、女贞、杨树、水杉等为其优势树种。拦路港森林生态站以落叶阔叶林为主，主要树种包括杨树、银杏、香樟、水杉、女贞和其他硬阔类落叶树种，在生态网络规划中属于青松生态走廊，其主导功能是水源涵养。

（2）叶榭森林生态站：隶属于西部湖沼平原区中性土壤亚区。该区涉及金山区、松江区、嘉定区、奉贤区、闵行区，平均高程 2.2 ～ 3.5 米；土壤 pH 值介于 6.5 ～ 7.5 之间。该区年均温在 17.29℃、年均降水量为 1149.15 毫米，年均日照时数为 1779.62 小时。

该区连续大面积分布的城市森林较少，以落叶阔叶林、常绿落叶阔叶混交林、落叶针叶林、针阔混交林为主，香樟、银杏、水杉等为其优势种。叶榭森林生态站以常绿落叶阔叶混交林为主，主要树种包括香樟、女贞、栾树、无患子、池杉、水杉等，在生态网络规划中属于黄浦江生态走廊，其主导功能是水源涵养。

（3）佘山森林生态站：隶属于西部湖沼平原区酸性土壤亚区，代表上海陆域丘陵残存次生森林，区域范围集中在松江区。作为上海市境内唯一的低山丘陵，佘山自东北向西南延伸长达 13 千米，总面积大约为 4.01 平方千米，包含有天马山、小昆山、横山、辰山、小佘山、小机山、钟贾山、薛山、凤凰山、东佘山、西佘山和北干山等大小不等山体 12 座。其中最小的山体仅有 0.023 平方千米；最高处海拔为 98.2 米。佘山山坡平缓，坡度在 20°～ 30°之间，大多为脊状山形。山下地形平坦，河网密布，地面标高多为 2.8 ～ 3.2 米。佘山土壤为黄棕壤，具备弱富铝化特征，有机质含量平均为 3.71%，坡地剖面多有成层砾石分布。佘山地区岩石风化后形成的土壤呈酸性，pH 值为 4.0 ～ 6.5。

佘山及周边地区归属于中亚热带北缘季风气候，潮湿温暖，雨量充沛，四季分明，适宜于温带、亚热带植物生长。佘山区域境内的十几座山体均为低山丘陵，山脚与山顶的气候相差甚微，垂直带谱特点波动不明显，甚至没有。近 10 年来，该区域年均气温为 17.29℃，年降水量为 1149.15 毫米，年平均日照 1779.62 小时。

佘山地区典型地带性森林植被是常绿阔叶林和常绿落叶阔叶混交林，植被资源丰富，共有自生维管植物 80 科 215 属 325 种，蕨类植物 8 科 10 属 11 种，种子植物 72 科 205 属 314 种，全为被子植物。其中，双子叶植物 63 科 165 属 255 种，单子叶植物 9 科 40 属 59

种。该区域的残存自然植被包含了50多年的次生演替序列群落，其植被在外貌上主要分5个类型：灌草丛、落叶阔叶林、常绿阔叶林、针叶林和毛竹林。落叶阔叶林广泛分布于各座山体，主要建群种有朴树、白栎、梧桐和臭椿，其他较占优势的有野梧桐、构树、丝绵木、枫杨、麻栎、刺槐、枫香、油桐及三角槭等；常绿阔叶林以人工起源的香樟群落为主，个别山体还分布有苦槠群落；针叶林主要为柏木林。佘山森林生态站在生态网络规划中属于青松生态走廊，其主导功能是风景游憩。

### 3. 东部滨海平原观测站群

东部滨海平原区为长江以南全新世最大海侵线以东地区，包括长江以南全新世最大海侵线以东地区。该区北、东、南三面地势较高，包括闵行区、嘉定区、宝山区、浦东新区、奉贤区和金山区南部等，其南缘略高于北缘，最高高程在奉贤一带。

该区面积较大，覆盖范围广，以人工营造的污染隔离林、通道防护林、沿海防护林、风景林为主。因此设置了5个生态观测站，包括金山石化森林生态站、海湾森林生态站、老港森林生态站、安亭森林生态站和浦江森林生态站。

（1）金山石化森林生态站：隶属于东部滨海平原区中性土壤亚区。该站点代表分布于金山、松江、奉贤和闵行的小区，平均高程4.0～5.0米；土壤pH值介于6.5～7.5之间。该区年均温在16.84℃、年均降水量为1203.57毫米，年均日照时数为2042.57小时。

该区连续大面积分布的城市森林以常绿落叶阔叶混交林、常绿阔叶林和落叶阔叶林为主，香樟、银杏等为常见优势种；金山石化生态站以常绿阔叶林为主，常见树种包括香樟、女贞、广玉兰、罗汉松、雪松等，在生态网络规划中属于生态保育林，其主导功能是污染隔离。

（2）海湾森林生态站：隶属于东部滨海平原区碱性土壤亚区。该区域主要涉及奉贤、浦东新区，平均高程4.0～5.0米；土壤pH值普遍大于7.5。该区年均温在16.58℃、年均降水量为1151.90毫米，年均日照时数为1988.42小时。

该区连续大面积分布的城市森林较少，以常绿阔叶林和针阔混交林为主，女贞、香樟等为其优势树种。海湾森林生态站以常绿阔叶林为主，主要树种包括香樟、女贞、乐昌含笑、乌桕、臭椿、重阳木、枫杨和榉树，在生态网络规划中属于浦奉生态走廊，其主导功能是风景游憩和沿海防护。

（3）老港森林生态站：隶属于东部滨海平原区碱性土壤亚区。该区域主要涉及奉贤、浦东新区，平均高程4.0～5.0米；土壤pH值普遍大于7.5。该区年均温在17.15℃、年均降水量为1261.63毫米，年均日照时数为1831.3小时。

该区连续大面积分布的城市森林较少，以常绿阔叶林和针阔混交林为主，女贞、香樟等为其优势树种。老港森林生态站以常绿阔叶林为主，常见树种包括香樟、女贞、杨树、银杏、雪松、水杉等；在生态网络规划中属于大治河生态走廊，其主导功能是污染隔离。

（4）安亭森林生态站：隶属于东部滨海平原区中性土壤亚区。该站主要代表分布于嘉定区的区域，平均高程 4.0 ~ 5.0 米；土壤 pH 值介于 6.5 ~ 7.5 之间。该区年均温在 17.23℃、年均降水量为 1151.72 毫米，年均日照时数为 1779.53 小时。

该区连续大面积分布的城市森林以常绿落叶阔叶混交林、常绿阔叶林和落叶阔叶林为主，香樟、银杏等为常见优势树种。安亭森林生态站以常绿落叶阔叶混交林为主，在生态网络规划中属于大治河生态走廊，其主导功能是污染隔离。

（5）浦江森林生态站：隶属于东部滨海平原区酸性土壤亚区。该区域主要涉及嘉定区、宝山区、浦东新区、奉贤区、闵行区、松江区、青浦区，平均高程 4.0 ~ 5.0 米；土壤 pH 普遍小于 6.5。该区年均温在 17.43℃、年均降水量为 1222.34 毫米，年均日照时数为 1947.52 小时。

该区连续大面积分布的城市森林较少，以常绿落叶阔叶混交林、常绿阔叶林、落叶阔叶混交林为主，香樟、银杏等为其优势树种。浦江森林生态站以常绿落叶阔叶混交林为主，主要树种有香樟、杨树、银杏、女贞、雪松、水杉等，在生态网络规划中属于生态保育区，其主导功能是水源涵养。

### 4. 河口三角洲观测站群

河口三角洲包括长江河口沙岛及其延伸部分。崇明岛的海拔在 3.5 ~ 4.5 米，西部有部分低地；长兴、横沙两岛海拔在 2.5 ~ 3.5 米，是世界上面积最大的河口沙岛。崇明作为上海唯一的国家级生态示范区，建设"生态岛"是其发展目标。东平国家森林公园作为崇明岛最大的生态片林，在维持整个岛屿的生态平衡方面发挥着十分重要的作用，起着其他防护林带和点状林地无法替代的生态作用；该公园作为岛中的"森林岛"，对沟通线状、点状生态林带起着枢纽作用，是整个上海市森林生态网络建设的核心之一。

东平森林生态站：隶属于河口三角洲碱性土壤亚区。该区域主要表征崇明三岛区域，平均高程 2.5 ~ 4.5 米；土壤 pH 值普遍大于 7.5。该区年均温在 16.46℃、年均降水量为 1079.83 毫米，年均日照时数为 1966.32 小时。

该区面积较大的城市森林斑块数量较多，常见的人工林包括落叶阔叶林、常绿落叶阔叶混交林、落叶针叶林、针阔混交林、常绿阔叶林；其中，女贞、杨树、水杉、雪松、柑橘等常为其优势树种。东平森林生态站以落叶针叶林为主，主要树种有水杉、柳杉、白杨、刺杉、棕榈、刺槐、楝树、银杏、香樟等，在生态网络规划中属于生态间隔带，其主导功能是风景游憩和沿海防护。

## 二、布局特点

上海市森林生态系统长期定位观测网络与中国森林生态系统长期定位观测网络类型相同，均为综合性森林生态系统长期定位观测网络，具有相同的建站标准、观测指标体系和观测方法。由于网络类型相同，两者的网络构建指标体系和方法也是相同的，以保证相同类型网络生态站互通的需求。

上海市与中国森林生态系统长期定位观测网络均是综合性的森林生态系统长期定位观测网络，针对研究区内典型森林生态系统的生态要素开展数据收集工作。两个网络生态站建设依据《森林生态系统定位研究站建设技术要求》（LY/T1626—2005）和《森林生态站数字化建设技术规范》（LY/T 1873—2010）执行，观测指标主要依据《森林生态系统定位观测指标体系》（LY/T 1606—2003），观测方法主要依据《森林生态系统长期定位观测方法》（LY/T 1952—2011）。

同时，上海市和中国森林生态系统长期定位观测网络具有不同的观测尺度。因此，二者研究目的也不同。与中国森林生态系统长期定位观测网络相比，上海市森林生态系统长期定位观测网络更加注重上海市各区域的生态功能差异性。由于尺度的差异，两者具有不同的规划结果，上海市是在省域尺度对中国森林生态系统长期定位观测网络的细化。

不同尺度上开展森林生态系统定位观测研究的目的不同。国家尺度的长期观测研究主要侧重重大生态问题的长期定位观测与集成研究，旨在从国家层面与森林资源清查相耦合，为政治外交等提供决策依据。区域和市域尺度的长期观测研究主要从市域尺度对国家尺度的网络进行细化，与市域尺度森林资源清查数据相耦合，通过长期定位的监测，从格局—过程—尺度有机结合的角度，研究水分、土壤、气象、生物要素的物质转换和能量流动规律，定量分析不同时空尺度上生态过程演变、转换与耦合机制，建立森林生态环境及其效益的评价、预警和调控体系，揭示该区域森林生态系统的结构与功能、演变过程及其影响机制。

中国森林生态系统长期定位观测网络在上海市内有城市森林生态站 1 个，位于 IVA 区中。因此，国家尺度森林生态系统长期定位观测网络仅涉及上海市局部地区的观测，但是站点的覆盖范围无法满足市域尺度的森林生态系统长期定位观测调查。上海市森林生态系统长期定位观测网络在国家尺度的森林生态系统长期定位观测网络的基础上进行补充、完善和加密。

就上海市而言，12 个森林生态站分别代表了不同林分和环境特征，体现了上海城市森林的特点和地方特色，实现了上海市森林生态系统定位观测网络"多功能组合，多站点联合，多尺度拟合，多目标融合"的目标。12 个站点的网络布局具备了以下三大特点：

（1）自然地理特征的全覆盖。确定的森林生态站不仅各有特点，而且从最大程度上覆盖了上海整个区域（图 3-12）。在地理空间上，12 个站点体现了由南至北、由西向东以及东南—西北季风主导风向上的环境差异。在行政区划上，12 个站点分别位于 11 个区（县），分布具有代表性。在地貌类型与生态区划方面，12 个站点又全部涵盖了中心城区、西部湖沼平原区、东部滨海平原区、河口三角洲区以及下属的 10 个生态亚区。

（2）城市化进程的梯度显现。基于上海城市环境时空格局及演变的研究（Wang et al., 2008; Zhang et al., 2010; Long et al., 2013），将上海城乡梯度划分为城区、近郊区和远郊区 3 个区域。其中，中山公园站、共青站、金海站属于城区；浦江站、叶榭站、安亭站、叶榭站、佘山站属于近郊区；拦路港站、金山石化站、海湾站、东平站属于远郊区。

（3）城市森林类型的典型表征。12 个生态站点在植被自然属性方面涵盖了天然次生林、近自然林以及人工林；在功能属性方面，涵盖了城市公园、水源涵养林、污染隔离林、沿海防护林、郊野公园以及生态片林等；在林分发育成熟度方面，各生态站点也涵盖了不同龄级的林分（表 3-2）。

因而，总体上 12 个城市森林站点的布局充分体现了上海城市自然、社会、经济的特点，体现了生态学"环境梯度研究"的思想。后续开展的研究将紧密围绕城市中综合环境—经济—社会梯度，进行对比分析，以探究城市复杂生态系统中，多因子协同作用下城市森林的环境响应格局、生态变化过程及服务功能发挥，阐释其作用机制与内在联系，探索城市森林的恢复重建及多样性保育技术，进而为今后上海市森林生态系统服务功能价值评估提供科学、可靠的数据来源。

## 第五节　观测研究内容

城市森林生态系统与非城市天然林生态系统的本质区别在于人为的干扰，城市中的林木和植被从人工育种、种植、培育、养护到群落结构的配置、发育、形成、演替，其整个生命周期几乎都是人为产物。城市森林建设和经营目标基本特点之一，是保护城市生态环境（维护生物多样性、削减污染等）、缓解热岛效应、释放氧气和有益离子（负氧离子等）、提供景观等，为居民和游客提供一个舒适健康的生活、游憩空间。在开展水分、土壤、气象、生物要素的研究时，由于各个森林生态站各自的特点导致它们所要揭示的规律以及研究重点都各有偏重。在上海城市森林生态连清体系监测布局与网络建设中，12 个生态站点将重点围绕城市环境和森林生态系统服务功能关系相关的指标开展监测，实施多元化的观测和研究，可为深入揭示城市生态系统的结构及动态、过程、生态系统服务及其生态保育与恢复提供科学基础。

### 一、主要观测指标

在每个观测站点，分别根据站点的定位及研究内容确定了观测内容。观测又分为常规观测和专项观测。通过常规观测与专项观测相结合，不仅保证了观测数据收集的全面性、普适性，并且根据需要设置专项观测，将观测设施确定于最需要的地点，节省了大量人力、物力、财力的开销。

1. 常规观测指标

如表 3-3 所示，12 个森林生态站的常规观测指标包括：气象常规观测指标（风、气压、空气温湿度、地表面温度、降水）、森林土壤常规指标（森林枯落物、土壤物理化学性质）、城市森林群落学特征指标（森林群落结构、生物量和生长量、凋落物量、养分元素、天然更新、生物多样性指数等）。

表 3-3　上海城市森林生态连清体系常规观测指标

| 指标类别 | 指标内容 | 观测指标 | 单位 | 观测频度 |
|---|---|---|---|---|
| 气象观测指标 | 风 | 风速 | 米/秒 | 连续观测或每日3次 |
| | | 风向 | 度 | 连续观测或每日3次 |
| | 气压 | 气压 | 百帕 | 每日1次 |
| | 空气温湿度 | 最低温度 | ℃ | 每日1次 |
| | | 最高温度 | | 每日1次 |
| | | 定时温度 | ℃ | 每日1次 |
| | | 相对湿度 | % | 连续观测或每日3次 |
| | 地表面温度 | 地表定时温度 | ℃ | 连续观测或每日3次 |
| | | 地表最高温度 | ℃ | 连续观测或每日3次 |
| | | 地表最低温度 | | 连续观测或每日3次 |
| | 降水 | 降水总量 | 毫米 | 连续观测或每日3次 |
| | | 降水强度 | 毫米/小时 | 连续观测或每日3次 |
| 森林土壤常规指标 | 森林枯落物 | 厚度 | 毫米 | 每年1次 |
| | | 持水量 | % | 每年1次 |
| | 土壤物理性质 | 土壤颗粒组成 | % | 每5年1次 |
| | | 土层厚度 | 厘米 | 每5年1次 |
| | | 土壤容重 | 克/立方厘米 | 每5年1次 |
| | | 土壤总孔隙度、毛管孔隙及非毛管孔隙度 | % | 每5年1次 |
| | | 土壤含水量 | % | 每5年1次 |
| | | 土壤pH值 | | 每5年1次 |
| | 土壤化学性质 | 土壤全氮 | % | 每5年1次 |
| | | 水解氮 | 毫克/千克 | 每5年1次 |
| | | 土壤全磷 | % | 每5年1次 |
| | | 有效磷 | 毫克/千克 | 每5年1次 |
| | | 土壤全钾 | % | 每5年1次 |
| | | 速效钾 | 毫克/千克 | 每5年1次 |
| | | 土壤有机碳 | 克/千克 | 每5年1次 |
| | | 土壤有机质 | 克/千克 | 每5年1次 |

（续）

| 指标类别 | 指标内容 | 观测指标 | 单 位 | 观测频度 |
|---|---|---|---|---|
| 城市森林群落学指标 | 城市森林群落结构 | 森林群落的年龄 | | 每5年1次 |
| | | 森林群落的起源 | | 每5年1次 |
| | | 森林群落的密度 | 株/公顷 | 每5年1次 |
| | | 森林群落的树种组成 | | 每5年1次 |
| | | 森林群落的动植物种类数量 | | 每5年1次 |
| | | 森林群落的郁闭度 | | 每5年1次 |
| | | 林下植被（亚乔木、灌木、草本）年平均高 | 米 | 每5年1次 |
| | | 林下植被盖度 | % | 每5年1次 |
| | 城市森林群落乔木层生物量和林木生长量 | 树高年生长量 | 米 | 每5年1次 |
| | | 胸径年生长量 | 厘米 | 每5年1次 |
| | | 乔木层各器官（干、枝、叶、果、花、根）生物量和年增长量 | 千克/公顷 | 每5年1次 |
| | 城市森林凋落物量 | 林地当年凋落物量 | 千克/公顷 | 每5年1次 |
| | 城市森林群落养分元素 | C、N、P、K、Ca、Mg、Fe、Mn、Cu、Cd、Pb | 千克/公顷 | 每5年1次 |
| | 群落的天然更新 | 包括树种、密度、数量和苗高等 | 株/公顷，株，厘米 | 每5年1次 |
| | 生物多样性指数 | Shannon-wiener指数、均匀度指数 | | 每5年1次 |

**2. 专项观测指标**

除了常规观测指标之外，各个森林生态站须结合自身植被现状及环境特点，设立满足不同生态监测需求的专项观测指标。这些专项观测指标包括：气象专项观测指标（蒸发、辐射）、森林环境空气质量和净化大气指标（大气颗粒物、大气气态污染物、负离子、吸附大气颗粒物）、森林小气候观测及梯度观测指标（风、空气温度、树干温度、地表面温度和土壤温度、空气相对湿度、土壤含水量）、森林土壤专项观测指标（土壤微生物、土壤酶活性、土壤污染指标）、森林水文水质指标（水文、水质、地下水）等 5 项（表 3-4）。

其中，共青森林生态站、金海森林生态站、叶榭森林生态站、拦路港森林生态站、海湾森林生态站、东平森林生态站观测了所列的全部 5 项专项观测；金山石化森林生态站、老港森林生态站、安亭森林生态站进行了森林环境空气质量、森林土壤、森林水文水质等 3 项专项观测；佘山森林生态站、浦江森林生态站进行了森林土壤和森林水文水质的专项观测；中山公园森林生态站进行了森林环境空气质量的专项观测（表 3-5）。

### 表 3-4 上海城市森林生态连清体系专项观测指标

| 指标类别 | 指标内容 | 观测指标 | 单 位 | 观测频度 |
|---|---|---|---|---|
| 气象观测指标 | 蒸发 | 蒸发量 | 毫米 | 每日1次 |
| | 辐射 | 总辐射量 | 焦耳/平米 | 连续观测 |
| | | 净辐射量 | | 连续观测 |
| | | 分光辐射 | | 连续观测 |
| | | UVA/UVB辐射 | | 连续观测 |
| | | 日照时数 | 小时 | 连续观测或每日1次 |
| 森林环境空气质量指标 | 吸附大气颗粒物 | PM$_{2.5}$吸附量 | 微克 | 每季一次 |
| | | PM$_{10}$吸附量 | 微克 | 每季一次 |
| | 大气环境颗粒物 | PM$_{2.5}$ | 微克/立方米 | 连续观测 |
| | | PM$_{10}$ | 微克/立方米 | 连续观测 |
| | 大气环境污染物 | 二氧化硫 | 微克/立方米 | 连续观测 |
| | | 臭氧 | 微克/立方米 | 连续观测 |
| | | 氮氧化物 | 毫克/立方米 | 连续观测 |
| | | 一氧化碳 | 微克/立方米 | 连续观测 |
| | 大气负离子 | 负离子含量 | 个/立方米 | 连续观测 |
| 森林小气候及梯度观测指标 | 气压 | 气压 | 百帕 | 连续观测 |
| | 风 | 林冠上方5米处风速 | 米/秒 | 连续观测 |
| | | 林冠上方3米处风速 | | |
| | | 林冠层0.75H处风速 | | |
| | | 林内距地面1.5米处风速 | | |
| | | 林冠上方3米处风向 | ° | 连续观测 |
| 森林小气候及梯度观测指标 | 空气温度 | 冠层上方5米处温度 | ℃ | 连续观测 |
| | | 冠层上方3米处温度 | | |
| | | 冠层0.75H处温度 | | |
| | | 林内距地面1.5米处温度 | | |
| | | 地被物层温度 | | |
| | 树干温度 | 地上1~1.5米处温度 | ℃ | 连续观测 |
| | 地表面温度和土壤温度 | 地表温度 | ℃ | 连续观测 |
| | | 10厘米深度土壤温度 | | |
| | | 20厘米深度土壤温度 | | |
| | | 30厘米深度土壤温度 | | |
| | | 40厘米深度土壤温度 | | |
| | | 80厘米深度土壤温度 | | |
| | 空气相对湿度 | 林冠上方5米处湿度 | % | 连续观测 |
| | | 林冠上方3米处湿度 | | |
| | | 林冠层0.75H处湿度 | | |
| | | 林内距地面1.5米处湿度 | | |
| | | 地被物层上方湿度 | | |

（续）

| 指标类别 | 指标内容 | 观测指标 | 单 位 | 观测频度 |
|---|---|---|---|---|
| 森林小气候及梯度观测指标 | 土壤含水量 | 10厘米深度土壤含水量 | % | 连续观测 |
| | | 20厘米深度土壤含水量 | | |
| | | 30厘米深度土壤含水量 | | |
| | | 40厘米深度土壤含水量 | | |
| | | 80厘米深度土壤含水量 | | |
| | 土壤微生物 | 细菌 | 万个 | 每5年1次 |
| | | 真菌 | 万个 | 每5年1次 |
| | | 放线菌 | 万个 | 每5年1次 |
| 森林土壤专项观测指标 | 土壤酶 | 蔗糖酶 | 毫克葡萄糖/（克·天） | 每5年1次 |
| | | 脲酶 | 毫克氨氮/（克·天） | 每5年1次 |
| | | 中性磷酸酶 | 毫克酚/（克·天） | 每5年1次 |
| | | 过氧化氢酶 | 0.1摩尔高锰酸钾/（克·天） | 每5年1次 |
| | 土壤重金属 | 汞（Hg） | 毫克/千克 | 每5年1次 |
| | | 镉（Cd） | | 每5年1次 |
| | | 铅（Pb） | | 每5年1次 |
| | | 铬（Cr） | | 每5年1次 |
| | | 砷（As） | | 每5年1次 |
| | | 锌（Zn） | | 每5年1次 |
| | | 铜（Cu） | | 每5年1次 |
| | | 镍（Ni） | | 每5年1次 |
| 森林水文指标 | 水文指标 | 穿透水 | 毫米 | 连续观测 |
| | | 树干径流 | | 每次降水时观测 |
| | | 液流量 | | 连续观测 |
| | | 蒸散量 | | 连续观测 |
| | 水质 | pH值 | | 每年1次 |
| | | $Ca^{2+}$、$Mg^{2+}$、$K^+$、$Na^+$、$CO_3^{2-}$、$HCO_3^-$、$Cl^-$、$SO_4^{2-}$、总P、$NO_3^-$、总N | 毫克/立方米或微克/立方米 | 每年1次 |
| | | 微量元素（B、Mn、Mo、Zn、Fe、Cu），重金属元素（Cd、Pb、Ni、Cr、Se、As、Ti） | | 有本底值后，每5年1次，特殊情况需增加观测频度 |
| | 地下水 | 水质（离子含量） | 毫克/立方米或微克/立方米 | 每年1次 |
| | | 微量元素（B、Mn、Mo、Zn、Fe、Cu），重金属元素（Cd、Pb、Ni、Cr、Se、As、Ti） | | 有本底值后，每5年1次，特殊情况需增加观测频度 |

注：水质样品应从大气降水、穿透水、树干流、土壤渗透水、地表径流和地下水获取。H为树林冠层高度。

表 3-5    各森林生态站专项观测指标

| 站名 | 气象专项观测 | 森林环境空气质量和净化大气 | 森林小气候及梯度观测 | 森林土壤专项观测 | 森林水文水质 |
|---|---|---|---|---|---|
| 中山公园森林生态站 | | ✓ | | | |
| 共青森林生态站 | ✓ | ✓ | ✓ | ✓ | ✓ |
| 金海森林生态站 | ✓ | ✓ | ✓ | ✓ | ✓ |
| 叶榭森林生态站 | ✓ | ✓ | ✓ | ✓ | |
| 佘山森林生态站 | | | | ✓ | ✓ |
| 拦路港森林生态站 | ✓ | ✓ | ✓ | ✓ | ✓ |
| 金山石化森林生态站 | | ✓ | | ✓ | ✓ |
| 海湾森林生态站 | ✓ | ✓ | ✓ | ✓ | ✓ |
| 浦江森林生态站 | | | | ✓ | ✓ |
| 老港森林生态站 | | ✓ | | ✓ | ✓ |
| 安亭森林生态站 | | ✓ | | ✓ | ✓ |
| 东平森林生态站 | ✓ | ✓ | ✓ | | ✓ |

### 二、主要研究内容

由于各森林生态站在自然地理、社会经济发展和植被类型上存在差异，其主要的观测研究内容既有共性又各有侧重（表 3-6）。总体上，12 个站点的研究将涵盖四大研究方向：生态系统结构与动态、生态系统过程、生态系统服务及生态保育与恢复。其中，生态系统结构与动态，主要包含站点周边景观格局及演变、森林植被组成及演替、生物环境响应；生态系统过程，主要关注物质生产、元素地球化学循环及水循环过程；生态系统服务，侧重于调节功能、文化功能与支撑功能。

12 个森林生态站将全面开展生态系统结构与动态的长期追踪与监测研究，为共性研究；而在其他 3 项研究领域中，因不同森林生态站的代表性森林类型及主导功能存在差异，各自侧重方向不同：

中山公园森林生态站地处中心城区，以人工阔叶林为主，主导功能是风景游憩。因其24 小时对外开放且人流量大，不具备开展生态系统过程研究的条件，研究侧重生态系统服务，包括环境改善与调节功能，游憩与休闲功能以及对鸟类、昆虫等动物的支撑功能等。

共青森林生态站地处中心城区，以人工针阔混交林为主，主导功能是风景游憩；在生态系统过程方面开展物质生产、元素地球化学循环和水循环过程研究；在生态系统服务方面开展调节功能、文化功能和支撑功能研究。

金海森林生态站地处中心城区，以人工阔叶林为主，主导功能是通道防护（污染防护）；在生态系统过程方面开展物质生产、元素地球化学循环和水循环过程研究；在生态系统服务方面开展调节功能、文化功能和支撑功能研究；同时针对城市人工林存在的问题，开展人工

表 3-6　森林生态站点主要观测研究内容

| 生态区 | 观测站点名称 | 生态系统结构及动态 | | | 生态系统过程 | | | 生态系统服务 | | | 生态保育与恢复 |
|---|---|---|---|---|---|---|---|---|---|---|---|
| | | 景观格局及演变 | 植被组成及演替 | 生物环境响应 | 物质生产 | 元素地球化学循环 | 水循环过程 | 调节功能 | 文化功能 | 支持功能 | |
| 中心城区 | 中山公园森林生态站 | ✓ | ✓ | ✓ | | | | ✓ | ✓ | ✓ | |
| | 共青森林生态站 | ✓ | ✓ | ✓ | ✓ | ✓ | ✓ | ✓ | ✓ | ✓ | |
| | 金海森林生态站 | ✓ | ✓ | ✓ | ✓ | ✓ | ✓ | ✓ | ✓ | ✓ | ✓ |
| | 叶榭森林生态站 | ✓ | ✓ | ✓ | ✓ | ✓ | ✓ | ✓ | ✓ | ✓ | ✓ |
| 西部湖沼平原区 | 佘山森林生态站 | ✓ | ✓ | ✓ | | ✓ | ✓ | ✓ | ✓ | ✓ | ✓ |
| | 拦路港森林生态站 | ✓ | ✓ | ✓ | | ✓ | | ✓ | | ✓ | |
| | 金山石化森林生态站 | ✓ | ✓ | ✓ | ✓ | ✓ | | ✓ | ✓ | ✓ | ✓ |
| 东部滨海平原区 | 海湾森林生态站 | ✓ | ✓ | ✓ | ✓ | | ✓ | ✓ | ✓ | ✓ | |
| | 浦江森林生态站 | ✓ | ✓ | ✓ | | ✓ | ✓ | ✓ | ✓ | ✓ | ✓ |
| | 老港森林生态站 | ✓ | ✓ | ✓ | | | | ✓ | | ✓ | |
| | 安亭森林生态站 | ✓ | ✓ | ✓ | ✓ | ✓ | | | ✓ | ✓ | ✓ |
| 河口三角洲 | 东平森林生态站 | ✓ | ✓ | ✓ | ✓ | ✓ | ✓ | ✓ | ✓ | ✓ | ✓ |

林抚育，近自然管理及鸟类、两栖、爬行类等动物栖息地重建等生态保育与恢复应用性研究。

叶榭森林生态站地处城市近郊区，以近自然型的人工阔叶林为主，物种组成和群落更新方面模拟天然林特征、降低人为管护，其主导功能是水源涵养；在生态系统过程方面开展物质生产、元素地球化学循环和水循环过程研究；在生态系统服务方面开展调节功能和支撑功能研究；同时针对近自然幼龄林发育过程中出现的更新演替问题，开展人工定向抚育、近自然营建技术改进及动物栖息地重建等生态保育与恢复应用性研究。

佘山森林生态站地处城市近郊区，以天然次生的阔叶林为主，是上海面积最大的残存自然森林，其主导功能是风景游憩；在生态系统服务方面开展调节功能、文化功能和支撑功能研究；同时围绕突破演替瓶颈、加速演替进程的目的，开展近自然更新抚育和野生动物栖息地重建等生态保育与恢复应用性研究。

拦路港森林生态站地处城市远郊区，以人工针阔混交林为主，主导功能是水源涵养；仅在生态系统服务方面开展调节功能、文化功能和支撑功能研究。

金山石化森林生态站地处城市远郊区，以人工阔叶林为主，主导功能是污染隔离；仅在生态系统服务方面开展调节功能和支撑功能研究。

海湾森林生态站地处城市远郊区，以近自然型的人工阔叶林为主，主导功能是森林游憩和沿海防护；在生态系统过程方面开展物质生产、元素地球化学循环和水循环过程研究；在生态系统服务方面开展调节功能、文化功能和支撑功能研究；同时，针对近自然幼龄林发育过程中出现的问题，开展人工定向抚育、近自然营建技术改进及动物栖息地重建等生态保育与恢复应用性研究。

浦江森林生态站地处城市近郊区，以人工阔叶林为主，主导功能是水源涵养；仅在生态系统服务方面开展调节功能、文化功能和支撑功能研究。

老港森林生态站地处城市远郊区，以人工阔叶林为主，主导功能是污染隔离；在生态系统服务方面仅开展调节功能研究；同时针对城市特殊生境——垃圾填埋地植被恢复中存在的环境限制等问题，开展生态恢复技术开发和适应性管理等应用性研究。

安亭森林生态站地处城市近郊区，以人工阔叶林为主，主导功能是通道防护；在生态系统服务方面仅开展文化功能研究；同时，针对城市人工林存在的问题，开展人工林抚育、近自然管理等生态保育与恢复应用性研究。

东平森林生态站地处城市远郊区，代表了以人工针叶林为主的河口三角洲森林生态系统，其主导功能是风景游憩和沿海防护；在生态系统过程方面开展物质生产、元素地球化学循环和水循环过程研究；在生态系统服务方面开展调节功能、文化功能和支撑功能研究；同时针对河口冲击平原特殊立地生境对森林营建和恢复产生的限制问题，开展良种选育、近自然更新管理及动物栖息地重建等生态保育与恢复应用研究。

## 第六节　网络建设与管理

### 一、组织体系

上海城市森林生态连清体系监测网络实行在上海市林业局领导下的多级管理体制。上海市林业局设立上海城市森林生态连清体系监测网络管理委员会（简称管理委员会）和上海城市森林生态连清体系监测网络科学委员会（简称科学委员会），以及上海城市森林生态连清体系监测网络研究与管理中心（简称研究与管理中心）。

管理委员会由上海市林业局和各森林生态站依托单位的管理人员组成，主要任务是制定森林生态站网的发展规划和各项管理规定，研究生态站建设、管理方面的重大问题，确定森林生态站网的重大工作计划。

科学委员会由生态学及相关领域的著名专家组成，主要任务是对森林生态站网的发展规划、研究方向、观测任务和目标进行咨询论证，评议森林生态站网的科研进展，开展相关咨询，组织讨论重大科学问题，组织科研、科普等重大活动、学术交流和科技合作。

研究与管理中心在管理委员会和科学委员会的领导和指导下开展工作，负责监测网络具体建设及日常运行管理和生态站综合评估与专家咨询，组织编辑相关监测评估报告；指导生态站建设及观测研究工作，对资源共享等进行组织协调；负责数据管理系统建设并对外提供数据服务（图3-15）。

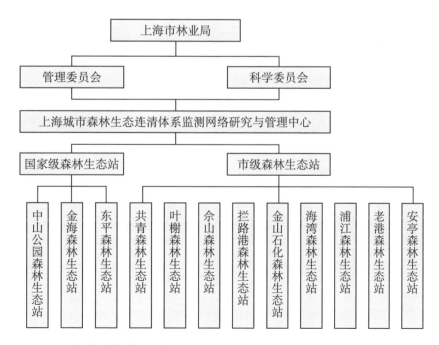

**图3-15　上海城市森林生态连清体系监测网络组织管理体系**

## 二、建设内容

参照"中国生态系统研究网络（CERN）长期观测规范"丛书、国家林业行业标准《森林生态系统定位观测指标体系》（LY/T 1606—2003）、《森林生态系统定位研究站建设技术要求》（LY/T 1626—2005）、《森林生态系统服务功能评估规范》（LY/T 1721—2008）、《森林生态站数字化建设技术规范》（LY/T 1873—2010）、《森林生态系统定位研究站数据管理规范》（LY/T 1872—2010）、《森林生态系统长期定位观测方法》（LY/T 1952—2011）、《森林生态站工程项目建设标准》（报批稿）以及国家气象局《生态气象监测指标体系》等标准规范进行网络建设。

### 1. 研究与管理中心建设

研究与管理中心在管理委员会及科学委员会的直接领导下，参与国内其他研究网络体系的数据信息交流，并积极与国际生态环境研究网络开展学术交流和合作。研究与管理中心专家组每年组织一定规模的检查、指导和协调，以保证森林生态系统观测研究网络工作的顺利开展。研究与管理中心具体负责森林生态站的评审遴选、日常管理、年度考核，组织召开森林生态站年会和学术交流；指导森林生态站的野外观测和数据采集质量控制，建设、管理和维护专业数据库；组织大尺度野外综合观测和重大科研合作项目；编辑出版森林生态站网系列研究成果，发布全市森林生态系统服务价值评估报告；组织技术培训、对外宣传和国际交流等。研究与管理中心要按形势发展，出台相应激励机制和管理办法，保障和加强各站点的人才、软硬件建设，提高收集、处理观测数据的能力，建设高标准、专业化程度较高的分类数据库，以数字化生态站构建理念和野外观测数据共享平台建设为切入点，同步提高研究与管理中心以及各生态站的数据管理能力（表3-7）。

表3-7　研究与管理中心建设内容

| 序号 | 名　称 | 用途 |
|---|---|---|
| 1 | 无线传输系统 | 用于站点联网和数据无线传输 |
| 2 | 服务器 | 用于站点保存和分析数据 |
| 3 | 磁盘阵列 | 用于永久存储数据 |
| 4 | 工作站 | 用于数据的处理 |
| 5 | 输电线路 | 用于为仪器设备供电 |
| 6 | 办公房 | 可控温、湿度，作为设备设施放置室 |
| 7 | 标识牌 | 标记地点和物品 |
| 8 | 展板 | 展示上海城市森林生态系统的建设和成果 |
| 9 | 电子显示屏 | 将服务功能指标向公众公布，作为对公众展示和宣传的平台 |

研究与管理中心下要成立专门的数据管理办公室，全面负责数据信息的收集、处理和数据共享交流工作。按照国家生态站网的建设模式，加强数据管理办公室建设，提高对观测数据进行分类、标准化、集成和分析的能力，构建相应的数据信息资源库、计算机网络信息共享系统等多个数字化基础平台，形成完整的网络数字技术构建体系和数据信息资源共享、服务机制。按照《森林生态系统定位研究站数据管理规范》（LY/T 1872—2010），从数据采集、传输、加工、储存、输出、共享等流程提高科技含量和管理水平，逐步实现生态站之间、生态站与数据管理办公室之间数据传输、共享的一体化。同时，在数据的建立、修改和更新的过程中做好原数据的管理，明确数据的拥有权、修改权和更新权，做好数据的用户分类管理、多重备份、异地存储、保密和防护等工作。数据管理办公室硬件建设的主要内容应包括：数据中心机房、数据接收系统、数据存储与备份系统、大型高速服务器、高配置的计算机、先进的数据管理和数据分析软件以及必要的办公设施等。

2. 森林生态站建设

按照森林生态系统定位研究站建设规范，每个森林生态站建设内容包括：森林气象、森林小气候、森林环境空气、森林土壤、森林水文、森林群落学等方面的基础设施建设，从而满足常规观测和定位试验研究的需求，达到服务政府、公众和行业的目标。森林生态站观测指标涉及土壤、大气、水文和生物等多种要素，观测方式采用仪器连续监测为主，人工定期监测为辅，规划项目建设内容如表3-8。

表3-8 森林生态站建设内容

| 序号 | 站名 | 建设内容 | | | | | | | |
| --- | --- | --- | --- | --- | --- | --- | --- | --- | --- |
| | | 地面标准气象站 | 森林小气候观测设施 | 观测塔 | 森林土壤观测设施 | 水文观测设施 | 森林生物观测设施 | 数据管理配套设施 | 基础配套设施 |
| 1 | 中山公园森林生态站 | | ✓ | | ✓ | | ✓ | ✓ | ✓ |
| 2 | 共青森林生态站 | ✓ | ✓ | ✓ | ✓ | ✓ | ✓ | ✓ | ✓ |
| 3 | 金海森林生态站 | ✓ | ✓ | ✓ | ✓ | | ✓ | ✓ | ✓ |
| 4 | 叶榭森林生态站 | ✓ | ✓ | | ✓ | | ✓ | ✓ | ✓ |
| 5 | 佘山森林生态站 | | ✓ | | ✓ | | ✓ | ✓ | ✓ |
| 6 | 拦路港森林生态站 | ✓ | ✓ | | ✓ | ✓ | ✓ | ✓ | ✓ |
| 7 | 金山石化森林生态站 | | ✓ | | ✓ | | ✓ | ✓ | ✓ |
| 8 | 海湾森林生态站 | ✓ | ✓ | ✓ | ✓ | ✓ | ✓ | ✓ | ✓ |
| 9 | 浦江森林生态站 | | ✓ | | ✓ | | ✓ | ✓ | ✓ |
| 10 | 老港森林生态站 | | ✓ | | ✓ | | ✓ | ✓ | ✓ |
| 11 | 安亭森林生态站 | | ✓ | | ✓ | | ✓ | ✓ | ✓ |
| 12 | 东平森林生态站 | ✓ | ✓ | ✓ | ✓ | ✓ | ✓ | ✓ | ✓ |

注：✓表示该生态站应建设内容。

根据区域代表性、植被典型性和观测研究辐射范围大小，将有条件开展全指标观测的金海森林生态站、东平森林生态站、共青公园森林生态站、叶榭森林生态站、拦路港森林生态站、海湾森林生态站这 6 个生态站确定为重点站；中山公园森林生态站、浦江森林生态站、安亭森林生态站、佘山森林生态站、金山石化森林生态站、浦东老港森林生态站这 6 个生态站为一般站。

### 三、建设时间

根据上海市林业"十三五"规划及资金配套情况，优先在"十三五"期间推进金海、东平、共青、叶榭、拦路港、海湾森林生态站 6 个重点站以及中山公园森林生态站 1 个一般站的建设。在"十四五"期间，继续推进浦江、安亭、佘山、金山石化、浦东老港森林生态站 5 个一般站建设，计划至 2025 年 12 个站点全部建成（表 3-9）。

表 3-9    上海森林生态站拟建设时间

|  | 生态站站名 | 拟建时间 |
|---|---|---|
| 重点站 | 金海森林生态站 | 2016～2018 |
|  | 东平森林生态站 |  |
|  | 共青公园森林生态站 | 2018～2020 |
|  | 叶榭森林生态站 |  |
|  | 拦路港森林生态站 |  |
|  | 海湾森林生态站 |  |
| 一般站 | 中山公园森林生态站 | 2016～2018 |
|  | 浦江森林生态站 | 2021～2023 |
|  | 安亭森林生态站 |  |
|  | 佘山森林生态站 |  |
|  | 金山石化森林生态站 | 2024～2025 |
|  | 浦东老港森林生态站 |  |

# 第四章
# 上海森林生态系统
# 服务专项监测研究进展

## 第一节　上海森林生态系统碳储量监测研究进展

### 一、研究目的

> 城市森林为市域范围内以改善生态环境、实现人和自然协调、满足社会发展需要，由以树木为主体的植被及其所在的环境所构成的人工或自然的森林生态系统，狭义上其主体应该是近自然的森林生态系统。

全球森林面积约占地球陆地面积的 1/3，是陆地生态系统碳储量最大和生产力最高的部分。森林植被碳储量约占全球植被的 77%，森林土壤碳储量约占全球土壤碳储量的 39%（孙世群，2008）。随着 2009 年哥本哈根气候大会的召开，森林碳汇作为重要减排手段受到国家和地区政府层面的重视。森林生态系统的碳储量、固碳潜力、分布格局和影响因素研究，已成为当前生态学研究热点问题之一。

城市森林是城市生态系统的重要组成部分。尽管我国城市森林起步较晚，但是关于城市森林的相关研究得到了快速发展。近年来，我国一些主要城市如北京、上海、广州、大连、长春、合肥、南京、杭州、厦门等地分别开展了本地区城市森林碳汇等生态服务功能的研究。据统计，城市森林植被通过自身光合作用形成的碳汇功能，抵消的生活消费和工业生产所排放碳量是非常可观的。因此，开展上海森林生态系统碳储量及固碳潜力等方面的研究，不仅对于上海森林经营管理和低碳城市建设具有指导作用；而且作为国家尺度上的森林生态系统碳清查的组成部分，对于国家相关政策的制定也具有重要意义。

## 二、研究方法

### 1. 样地设置

根据上海 2009 年森林资源二类调查数据统计分析结果，对上海主要造林树种林分类型进行划分，并对每种林分类型设置固定样地。2011 年，在全市范围内建立了 37 个森林碳储量定位观测样点 95 个林分样地（表 4-1），主要涉及香樟林、水杉林、杜英林、池杉林、黄

表 4-1　上海森林碳储量定位观测样点（样地）分布

| 地域分布 | 行政区域 | 样点数（样地数） | 林分类型/位置/样地面积 |
|---|---|---|---|
| 中心城区 | 杨浦区 | 3（5） | 共青国家森林公园风景林（1 个样点，3 个样地，20 米×30 米，水杉林、枫香林、池杉林样地各 1 个）；杨浦公园风景林（1 个样点，1 个样地，20 米×10 米，为水杉林）；黄兴公园风景林（1 个样点，1 个样地，20 米×30 米，为水杉林） |
| | 徐汇区 | 1（2） | 上海植物园风景游憩林（1 个样点，2 个样地，20 米×30 米） |
| | 长宁区 | 1（1） | 上海动物园风景游憩林（1 个样点，1 个样地，20 米×50 米） |
| | 浦东新区 | 2（3） | 世纪公园风景游憩林（1 个样点，2 个样地，20 米×30 米）；华夏公园风景游憩林（1 个样点，1 个样地，20 米×30 米） |
| | 小计 | 7（11） | |
| 城郊地区 | 松江区 | 7（21） | 叶榭镇水源涵养林（1 个样点，3 个样地，20 米×50 米），车墩镇水源涵养林（1 个样点，3 个样地 20 米×50 米），泖港镇晨兴水源涵养林（4 个样点，12 个样地，其中 6 个 20 米×30 米；6 个 20 米×50 米）；余山地区风景游憩竹林（1 个样点，3 个样地，20 米×50 米） |
| | 青浦区 | 2（6） | 练塘镇水源涵养林（2 个样点，6 个样地，20 米×30 米） |
| | 奉贤区 | 7（21） | 庄行镇水源涵养林（6 个样点，18 个样地，其中 6 个 20 米×50 米；12 个 20 米×30 米）；海湾森林公园（1 个样点，3 个样地，20 米×30 米） |
| | 崇明县 | 5（15） | 东平林场水杉人工林（3 个样点，9 个样地，20 米×50 米），香樟幼龄林（1 个样点，3 个样地，20 米×50 米），银杏幼龄林（1 个样点，3 个样地，20 米×30 米）； |
| | 浦东新区 | 3（9） | 环城绿带（3 个样点，9 个样地，20 米×30 米） |
| | 嘉定区 | 3（7） | 嘉宝片林（2 个样点，4 个样地，20 米×30 米）；银杏生态园（1 个样点，3 个样地，20 米×30 米） |
| | 宝山区 | 1（1） | 生态公益林（1 个样点，1 个样地，50 米×50 米） |
| | 金山区 | 1（1） | 水源涵养林（1 个样点，1 个样地，50 米×50 米） |
| | 闵行区 | 1（3） | 水源涵养林（1 个样点，3 个样地，20 米×30 米） |
| | 小计 | 30（84） | |

注：除中心城区、宝山区、金山区受实际条件限制无法设置重复样地外，其他区的样点都设置 3 个重复样地。

山栾树林、无患子林、毛竹林、银杏林、广玉兰林、杨树林、常绿阔叶混交林等，样地大小为 20 米 × 30 米或 20 米 × 50 米。对样地做了永久性林分样地标志，并详细调查和记录林分生长、土壤碳含量和营养元素含量。

2. 分析方法

(1) 上海主要造林树种生物量方程构建方法

①外业标准木取样。采用径阶标准木法。即在样地内先每木检尺记录下每棵乔木的胸径、树高等数据，然后按照径阶范围（一般 2 厘米为 1 个径阶，特殊树种如杨树按 5 厘米为 1 个径阶）在样地每个径阶内选取 1～2 株乔木作为标准木，这样在样地内根据径阶一般可选到覆盖各径阶范围的 5～8 株标准木。本书外业共砍伐标准木 51 株。

②样品处理。回到实验室，将样品放置于冰箱中保存以尽量减少呼吸作用和水分散失。开始样品制备时，将乔木各器官样品放置于 65℃烘箱中，干燥至恒质量。测出样品干质量，然后推算出各组分的含水率。汇总数据，编写标准木各器官生物量表格。

③数据分析。在估算森林生物量方法中，相对生长方程的应用是最广泛的，它是利用林分易测因子来推算难于测定的森林生物量，从而减少测定生物量的外业工作。为了准确估计乔木中储存的生物量，必须找出能够表征其生物量相关参数。一般多考虑的参数是胸径，树高。通过协方差分析，确定与描述乔木的生物量最相关的参数。本书采用较有代表性的 2 种相对生长方程来建立乔木的生物量模型。

$$\lg BM = a + b \log D \tag{4.1}$$

$$\lg BM = a + b \log D^2 H \tag{4.2}$$

式中：$BM$——乔木中储存的生物量（千克）；

$D$——胸径（厘米）；

$H$——树高（米）；

$a$ 和 $b$——待定参数。

将实验数据输入，进行以 10 为底的对数化后，用 Sigmaplot 10.0 进行线性回归，得到参数 $a$ 和 $b$ 的值、相关系数 $R$、决定系数 $R^2$、样本标准误 $SD$ 和显著性检验（$p < 0.05$）等信息，从而选择最适用的相对生长方程。经转换后本书所构建的生物量方程为幂函数形式，即：

$$BM = a D^b \tag{4.3}$$

$$BM = a (D^2 H)^b \tag{4.4}$$

式中：$BM$——乔木中储存的生物量（千克）；

$D$——胸径（厘米）；

　　*H*——树高（米）；

　　*a* 和 *b*——待定参数。

　　（2）上海主要造林树种林分生物量碳储量计算方法

　　①林木生物量估测。将所建立的固定样地内所有树木的胸径和树高等数据输入数据库，形成表格。本书采用用胸径（*D*）为自变量的幂函数生物量方程来计算样地内每个单立木的各组分生物量大小；将单立木各组分生物量相加即可得到每株立木的生物量（*B*），假设样地内有 *n* 株单立木，那么样地林分乔木层生物量（*BM*）大小按下式计算：

$$BM = \sum_{i=1}^{n} B \tag{4.5}$$

　　式中：*BM*——乔木中储存的生物量（千克）；

　　　　　*n*——单立木株数（株）；

　　　　　*B*——每株立木的生物量（千克）。

　　同样可将林分乔木各组分的生物量用各组分生物量方程计算出每株立木的每个组分的生物量，用公式（4.5）计算得出林分乔木各组分生物量大小。

　　②生物量碳储量估算。一般森林生物量和碳储量的转换系数是 0.45 ～ 0.55，国际上通常以 0.5 作为生物量—碳储量转换因子计算森林碳储量。本书以 0.5 作为生物量—碳储量转换因子，计算林分碳储量。

### 三、结果与分析

　　1. 上海主要造林树种生物量方程

　　针对上海地区主要林分类型，共构建了上海 10 个主要造林树种立木及各组分的生物量方程，这些方程都具有较好的拟合度，能够满足生物量的估算要求。各主要造林树种的生物量方程如表 4-2。

　　2. 上海主要造林树种林分生物量和碳储量

　　通过径阶标准木法，为上海地区 8 个生态公益林主要造林树种构建了林分生物量—蓄积量回归方程（表 4-3）。

　　同林龄（12 年生）不同树种林分生物量和碳储量差异较大（图 4-1）：广玉兰林分生物量和碳储量最小，分别为 17.9 吨 / 公顷和 8.9 吨 / 公顷；其次为女贞林分，分别为 21.7 吨 / 公顷和 10.7 吨 / 公顷；杜英林分和黄山栾树林分，生物量分别为 16.1 吨 / 公顷和 21.6 吨 / 公顷；水杉林分生物量和碳储量分别为为 65.0 吨 / 公顷和 32.5 吨 / 公顷；香樟林分生物量和碳储量分别为 84.1 吨 / 公顷和 42.1 吨 / 公顷；杨树林分生物量和碳储量最大，分别为 87.0 吨 / 公顷和 43.5 吨 / 公顷（图 4-1）。

表4-2 上海主要造林树种立木及各器官生物量方程

| 树种 | 器官 | 回归方程 | 样本数 $n$ | 判定系数 $R^2$ | 显著性检验 $p$ |
|---|---|---|---|---|---|
| 香樟 | 立木 | $BM=0.10387 \times D^{2.535}$ | 5 | 0.992 | <0.001 |
| | 树根 | $BM=0.03345 \times D^{2.43692}$ | 5 | 0.963 | 0.003 |
| | 树干 | $BM=0.07086 \times D^{2.27885}$ | 5 | 0.99 | 0.002 |
| | 树皮 | $BM=0.02302 \times D^{1.93423}$ | 5 | 0.810 | 0.038 |
| | 树枝 | $BM=0.01141 \times D^{2.85885}$ | 5 | 0.941 | 0.006 |
| | 树叶 | $BM=0.00139 \times D^{3.23231}$ | 5 | 0.795 | 0.042 |
| 水杉 | 立木 | $BM=0.06291 \times D^{2.4841}$ | 10 | 0.972 | <0.001 |
| | 树干 | $BM=0.02163 \times D^{2.7593}$ | 10 | 0.950 | <0.001 |
| | 树枝 | $BM=0.02998 \times D^{2.0946}$ | 10 | 0.956 | <0.001 |
| | 树叶 | $BM=0.10842 \times D^{1.3673}$ | 10 | 0.917 | <0.001 |
| 杨树 | 立木 | $BM=0.019011 \times D^{3.1051}$ | 5 | 0.995 | <0.001 |
| | 树根 | $BM=0.013449 \times D^{2.4535}$ | 5 | 0.984 | <0.001 |
| | 树干 | $BM=0.006725 \times D^{3.1964}$ | 5 | 0.99 | <0.001 |
| | 树皮 | $BM=0.001848 \times D^{3.0384}$ | 5 | 0.982 | 0.001 |
| | 树枝 | $BM=0.001885 \times D^{3.0213}$ | 5 | 0.961 | 0.003 |
| | 树叶 | $BM=0.003399 \times D^{2.6815}$ | 5 | 0.987 | <0.001 |
| 女贞 | 立木 | $BM=0.139994 \times D^{2.34273}$ | 5 | 0.981 | 0.001 |
| | 树根 | $BM=0.107468 \times D^{1.61921}$ | 5 | 0.921 | 0.01 |
| | 树干 | $BM=0.049087 \times D^{2.34158}$ | 5 | 0.954 | 0.004 |
| | 树皮 | $BM=0.031376 \times D^{1.58339}$ | 5 | 0.951 | 0.005 |
| | 树枝 | $BM=0.044991 \times D^{2.12467}$ | 5 | 0.969 | 0.002 |
| | 树叶 | $BM=0.071415 \times D^{1.72032}$ | 5 | 0.959 | 0.004 |
| 广玉兰 | 立木 | $BM=0.330788 \times D^{1.90957}$ | 5 | 0.974 | 0.002 |
| | 树根 | $BM=0.104937 \times D^{1.80928}$ | 5 | 0.895 | 0.015 |
| | 树干 | $BM=0.057657 \times D^{2.25148}$ | 5 | 0.943 | 0.006 |
| | 树皮 | $BM=0.028253 \times D^{1.80469}$ | 5 | 0.987 | <0.001 |
| | 树枝 | $BM=0.052639 \times D^{1.78865}$ | 5 | 0.897 | 0.014 |
| | 树叶 | $BM=0.062077 \times D^{1.85157}$ | 5 | 0.918 | 0.01 |

（续）

| 树种 | 器官 | 回归方程 | 样本数 | 判定系数 | 显著性检验 |
|------|------|----------|--------|----------|------------|
|      |      |          | $n$ | $R^2$ | $p$ |
| 杜英 | 立木 | $BM=0.18833 \times D^{2.14125}$ | 6 | 0.931 | 0.002 |
|      | 树根 | $BM=0.12684 \times D^{1.61375}$ | 6 | 0.933 | 0.002 |
|      | 树干 | $BM=0.10463 \times D^{2.09}$ | 6 | 0.904 | 0.004 |
|      | 树皮 | $BM=0.00373 \times D^{2.3725}$ | 6 | 0.719 | 0.032 |
|      | 树枝 | $BM=0.01202 \times D^{2.66937}$ | 6 | 0.859 | 0.008 |
|      | 树叶 | $BM=0.00257 \times D^{2.58946}$ | 6 | 0.955 | 0.004 |
| 黄山栾树 | 立木 | $BM=0.10994 \times D^{2.48438}$ | 5 | 0.999 | <0.001 |
|      | 树根 | $BM=0.04727 \times D^{2.32726}$ | 5 | 0.898 | 0.014 |
|      | 树干 | $BM=0.04215 \times D^{2.56359}$ | 5 | 0.972 | 0.002 |
|      | 树皮 | $BM=0.02721 \times D^{1.69563}$ | 5 | 0.916 | 0.011 |
|      | 树枝 | $BM=0.00379 \times D^{3.13611}$ | 5 | 0.888 | 0.016 |
|      | 树叶 | $BM=0.00024 \times D^{3.48156}$ | 5 | 0.873 | 0.02 |
| 银杏 | 立木 | $BM=0.133137 \times D^{2.3357}$ | 5 | 0.982 | 0.001 |
|      | 树根 | $BM=0.09732 \times D^{1.9429}$ | 5 | 0.947 | 0.003 |
|      | 树干 | $BM=0.040188 \times D^{2.5343}$ | 5 | 0.973 | 0.002 |
|      | 树皮 | $BM=0.015311 \times D^{2.1639}$ | 5 | 0.975 | 0.002 |
|      | 树枝 | $BM=0.001554 \times D^{3.3962}$ | 5 | 0.953 | 0.003 |
|      | 树叶 | $BM=0.007892 \times D^{1.8146}$ | 5 | 0.927 | 0.006 |
| 毛竹 | 立木 | $BM=0.1686 \times D^{1.8358}$ | 5 | 0.958 | 0.003 |
|      | 树根 | $BM=0.0773 \times D^{1.4965}$ | 5 | 0.935 | 0.007 |
|      | 树干 | $BM=0.0348 \times D^{2.3208}$ | 5 | 0.942 | 0.006 |
|      | 树枝 | $BM=0.0571 \times D^{1.4001}$ | 5 | 0.972 | 0.002 |
|      | 树叶 | $BM=0.0904 \times D^{0.7160}$ | 5 | 0.918 | 0.01 |
| 鹅掌楸 | 立木 | $BM=0.06393 \times D^{2.61147}$ | 5 | 0.970 | 0.002 |
|      | 树根 | $BM=0.04772 \times D^{2.10647}$ | 5 | 0.932 | 0.007 |
|      | 树干 | $BM=0.01959 \times D^{2.80941}$ | 5 | 0.981 | 0.001 |
|      | 树皮 | $BM=0.00321 \times D^{2.83529}$ | 5 | 0.960 | 0.003 |
|      | 树枝 | $BM=0.00715 \times D^{2.85853}$ | 5 | 0.887 | 0.016 |

表 4-3 主要造林树种林分生物量—蓄积量回归方程

| 林分类型 | 生物量蓄积量模型 | 样本数 | 判定系数 |
|---|---|---|---|
| | $BM=aV+b$ | $n$ | $R^2$ |
| 香樟林 | $BM=0.40141 \times V +32.36118$ | 17 | 0.98 |
| 水杉林 | $BM=0.34603 \times V +29.64448$ | 18 | 0.90 |
| 杨树林 | $BM=0.4754 \times V +30.6034$ | 16 | 0.93 |
| 女贞林 | $BM=0.5612 \times V -2.01888$ | 6 | 0.97 |
| 广玉兰林 | $BM=0.4801 \times V +4.2896$ | 6 | 0.90 |
| 杜英林 | $BM=0.573 \times V -4.824$ | 7 | 0.96 |
| 银杏林 | $BM=2.4372 \times V +1.4323$ | 5 | 0.97 |
| 竹林 | $BM=0.19046 \times V -7.67628$ | 5 | 0.88 |

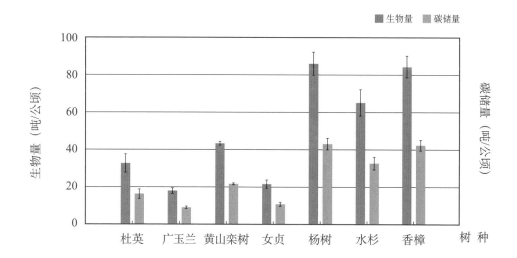

图 4-1 同林龄（12 年生）不同树种林分生物量和碳储量

　　一般来说，随着林龄增大，乔木胸径和树高增长，同一树种林分的生物量和碳储量也会相应增加（图 4-2）。以崇明东平森林公园为例，不同林龄水杉林分生物量和碳储量分别为：12 年生水杉林分，65.0 吨 / 公顷和 32.5 吨 / 公顷；20 年生水杉林分，91.7 吨 / 公顷和45.8 吨 / 公顷；30 年生水杉林分，140.0 吨 / 公顷和 70.0 吨 / 公顷（图 4-2）。

　　3．主要造林树种枯落物层干物质量及碳储量

　　上海主要造林树种枯落物层干物质量及碳储量（图 4-3）由大到小依次为：香樟林，4.7吨 / 公顷和 2.4 吨 / 公顷；水杉林，3.6 吨 / 公顷和 1.8 吨 / 公顷；杜英林，3.3 吨 / 公顷和 1.7吨 / 公顷；杨树林和女贞林相同，为 3.1 吨 / 公顷和 1.8 吨 / 公顷；广玉兰林和毛竹林的最小，仅为 1.8 吨 / 公顷和 0.9 吨 / 公顷。

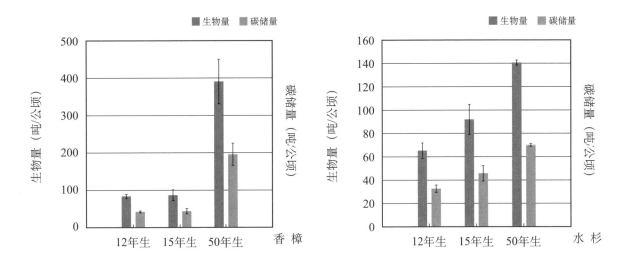

图4-2  不同林龄香樟（左）和水杉（右）人工林生物量和碳储量

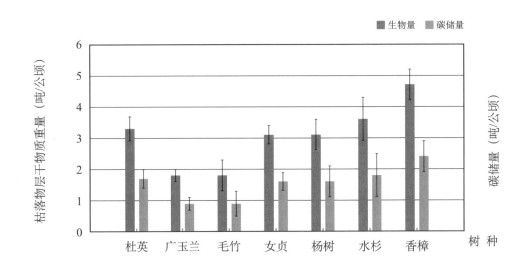

图4-3  主要树种林分枯落物层干物质重量和碳储量

同林龄(12年生)的5个主要造林树种，其枯落物层干物质的重量及碳储量由大到小为：香樟林，5.1吨／公顷和2.5吨／公顷；水杉林，3.1吨／公顷和1.5吨／公顷；杜英林和杨树林，3.2吨／公顷和1.6吨／公顷；广玉兰林，1.8吨／公顷和0.9吨／公顷（图4-4）。

4．主要造林树种林分土壤有机碳储量

上海中心城区和郊区森林样地土壤有机碳含量一般随着土壤深度增加呈逐渐递减的趋势（图4-5），有些树种土壤深度在30～50厘米有机碳含量下降趋势不明显，如城区水杉林和郊区毛竹林，但总体上都随着土层深度增加而逐渐下降。上海森林样地，0～10厘米土壤表层有机碳含量一般最大，10～20厘米土壤层次之。20～30厘米土壤有机碳含量在城区林分中最小，而在郊区林分处于中等水平。一般30～50厘米土壤有机碳含量会有所

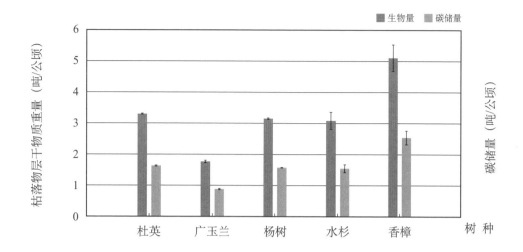

**图 4-4　同林龄（12 年生）树种林分枯落物层干物质重量和碳储量**

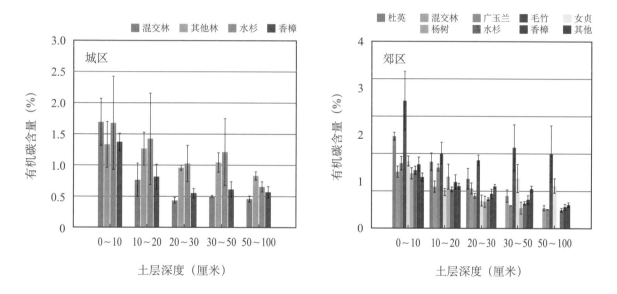

**图 4-5　上海城区和郊区不同树种林分样地土壤有机碳含量**

增加，50 ~ 100 厘米土壤有机碳含量在郊区林分中一般处于最小水平。

在同一树种的不同林龄中，一般幼龄林的土壤碳密度较高。如崇明东平森林公园水杉林，幼龄林(12 年生)、中龄林(20 年生)和成熟林(30 年生)土壤碳密度分别为 73.7 吨 / 公顷、84.3 吨 / 公顷和 40.0 吨 / 公顷(0 ~ 30 厘米)(图 4-6)。土壤有机碳含量一般随土壤深度增加，呈逐渐下降趋势。不同林龄水杉林分，土壤表层（0 ~ 10 厘米）有机碳含量无明显差异；土壤表层 10 厘米以下，中、幼龄林的土壤有机碳含量要高于成熟林。

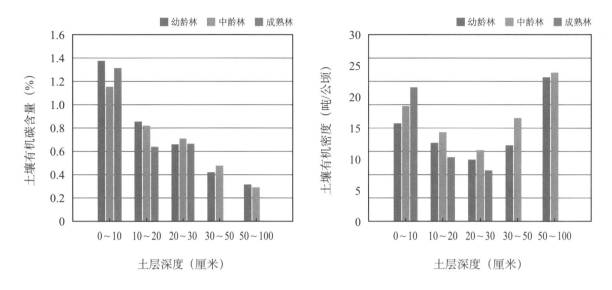

**图 4-6　不同林龄水杉林土壤有机碳含量和有机碳密度**

## 四、结论与讨论

### 1. 上海主要造林树种生物量

生物量方程是估算森林生物量的基础方法之一，通过选取标准木构建乔木生物量方程，尽管外业工作量较大，但是对于准确估算森林生物量具有很高的精确度。径阶标准木法以不同径阶的标准木生物量数据为基础，通过统计学手段来拟合生物量与测树因子的相关性，能够十分准确地表达出树木林学特性与生物量间的拟合关系。通过建立异速生长方程进行林分尺度上森林蓄积量、生物量和碳储量等估测，是一种广泛应用的方法。在林分生物量方程中，立木胸径（$D$）和树高（$H$）作为自变量，而胸径（$D$）是这些模型中最常用的自变量。

本书建议采用 Biomass-$D$ 模型来估算乔木生物量，因为在林分调查中，树高（$H$）测量比胸径（$D$）的测量要困难许多，且树高的测量误差较大；同时，随着林分成熟、变老，树高将逐渐保持稳定而胸径却仍在增加。本书采用主要造林树种生物量方程对水杉林生物量进行了估算。研究结果表明：随着林木生长，林木胸径和树高都会逐渐增长，林木生物量随着林龄的增加而提高。上海地区造林时间短，多数林分为幼龄林，随着林分快速稳定生长，森林生物量也将增大，说明上海城市森林具有较大的固碳潜力。

### 2. 上海主要造林树种林分碳储量

本书结果显示：香樟林平均碳储量最大为 64.8 吨 / 公顷，水杉林为 43.0 吨 / 公顷，杨树林为 42.9 吨 / 公顷，鹅掌楸林为 25.5 吨 / 公顷，黄山栾树林为 21.6 吨 / 公顷，杜英林为 16.3 吨 / 公顷，毛竹林为 13.2 吨 / 公顷，女贞林为 10.2 吨 / 公顷，广玉兰林为 8.0 吨 / 公顷。

我国森林植被平均碳储量为 57.78 吨 / 公顷（周玉荣等，2000），华东地区的森林植被碳储量是 26.58 吨 / 公顷 (徐新良等, 2007)。除香樟林外, 上海其他主要造林树种碳储量低于全国水平。杜英林、广玉兰林、毛竹林和女贞林 4 个树种生物量碳储量均低于华东地区的平均值, 杨树林、水杉林和香樟林则高于华东地区的平均值。

3. 上海主要造林树种林分枯落物层干物质重量及碳储量

凋落物是森林生态系统中植被地上部分碳向土壤流动的主要途经。本书对样地主要优势树种枯落物层的研究结果表明, 香樟林枯落物层干物质重量和碳储量最大, 一般在2.4 ~ 4.7 吨 / 公顷; 其次为杜英林、水杉林、杨树林、女贞林和毛竹林; 最小的为广玉兰林, 其枯落物层干物质重量和碳储量仅有 1.8 吨 / 公顷和 0.9 吨 / 公顷。

一般来说, 阔叶树种的凋落物比针叶树种的凋落物分解快, 从而阔叶林土壤表层比针叶林碳含量高。不同类型森林生态系统土壤表层碳密度的变化同时也影响着凋落物输入的质量和数量、凋落物分解速度和凋落物碳储量的大小。细根周转是森林生态系统中植被地下部分碳向土壤流动的另一重要途经。阔叶林比针叶林分配更多生物量给根, 从而传送更多的根碎屑给土壤。在本书中, 香樟林枯落物层干物质重量最大, 每年以腐殖质形式回归到土壤中的有机碳部分相对较多, 大大提高了土壤中有机碳含量。

由于中心城区所设置森林样地多在城区公园绿地中, 一般受人为干扰严重, 所以中心城区多数样地无枯落物层植被。在上海郊区林地内, 由于栽植密度大, 林分郁闭度大, 导致林下灌木层和草本层相对生长发育不良。由于各区 (县) 林业养护社一般都对林下植被层定期清理, 造成了本书大部分树种林分样地的枯落物层数据缺失, 这对于林分生态系统的养分循环具有一定的抑制作用, 同时也对林分生态系统碳循环起到了一定限制。

4. 上海主要造林树种林分土壤有机碳储量及碳密度

森林土壤碳库是森林生态系统中最大的组成部分, 森林生态系统总碳密度 (生物量碳密度和土壤碳密度) 主要受土壤碳密度主导。本书中, 上海主要造林树种样地土壤层有机碳含量大于乔木层及枯落物层, 土壤有机碳储量能占森林生态系统总碳储量的一半以上。以松江区 12 年生香樟林为例, 林分碳储量为 43.8 吨 / 公顷, 枯落物层碳储量为 2.11 吨 / 公顷; 而土壤有机碳储量为 164.6 吨 / 公顷, 是乔木层的 3.8 倍, 占森林生态系统碳储量的78% 左右。

本书结果显示, 上海主要造林树种林分土壤各层碳含量变化较大, 0 ~ 10 厘米表层土壤有机碳含量和有机碳密度最高, 随着土层深度加深而逐渐降低。各树种生境不同, 其土壤有机碳含量和有机碳密度大小也不同。如不同林龄的水杉林, 其土壤碳含量和碳密度从表层向下逐渐减小。成熟林 0 ~ 10 厘米表层土壤有机碳密度高于中幼龄林, 其他土壤层有机碳密度低于中幼龄林, 这是由于在土壤表层, 林分年龄越大, 林分土壤有机碳累积过程也较长。

## 第二节　上海城市森林植物对大气颗粒物防控功能监测研究进展

### 一、研究背景

随着城市化水平的提高和城市规模的不断扩大，我国城市面临着大气环境恶化的状况，尤以上海、北京、广州等特大型城市更为严峻。其中细颗粒物 $PM_{2.5}$ 由于其粒径微小，可以进入人体呼吸道和肺部，从而导致许多疾病的产生，包括过早死亡、肺炎、动脉硬化加速以及心脏功能的改变（Fann and Risley, 2013; Scheers et al., 2015; Kloog et al., 2015）。城市森林绿地，作为城市中重要的有生命的城市基础设施，是城市的"绿肺"，可以起到削减颗粒物等大气污染的作用（Nowak et al., 2006; Yang et al., 2008）。树木叶片和枝条可以直接截取和固定大气尘埃，使其从大气环境中脱离。研究表明，干沉降（dry deposition）是植物净化大气颗粒物的主要机制（Pullman, 2009）。植物的滞尘量可以用单位面积植物叶片上 $PM_{2.5}$ 的干沉降通量（$F$）来表示：

$$F = Vd \times C \tag{4.6}$$

式中：$F$——单位面积植物叶片上 $PM_{2.5}$ 的干沉降通量（微克/平方米/小时）；

　　　$Vd$——干沉降条件下植物叶片吸滞 $PM_{2.5}$ 的速率（米/小时或厘米/秒）；

　　　$C$——当地大气中 $PM_{2.5}$ 本底浓度（微克/立方米）。

$PM_{2.5}$ 被植物叶片表面截留并捕获的过程中，不能忽视的一点就是植物叶片的形态特征和微观特性的影响。本书选取了上海常见的 15 种绿化树种，在一年不同季节，用吹脱的方法对植物叶片表面 $PM_{2.5}$ 干沉降速率进行了测定，并且对各植物叶片表面的蜡质含量、表面粗糙度和表面自由能等参数进行了测定，建立回归模型，探索植被滞尘能力与植物叶片自身特性的关系，进而筛选出影响叶片上 $PM_{2.5}$ 沉降速率的关键因素，从而更好地为选择滞尘功能的绿化树种、缓解城市大气污染、建设宜居城市提供技术依据。

### 二、研究方法

#### 1. 采样地点及树种的选择

本书选取了上海 15 种常见园林绿化树种（表 4-4），取样地点位于上海市闵行区剑川路 2 号吴泾公园内。吴泾公园紧邻吴泾工业区，濒临黄浦江及申嘉湖高速公路，周边有相对固定的混合污染源。公园内树木种类丰富，长势正常，受游客干扰较小，是叶片采集的良好试验地点。

#### 2. 植物叶片上 $PM_{2.5}$ 干沉降速率的测定方法

叶片表面的 $PM_{2.5}$ 干沉降速率 $Vd$ 表示在单位时间内，单位叶面积在单位本底浓度下所

表 4-4　本书选取的上海 15 种常见园林树种

| 常　绿 | | 落　叶 | |
|---|---|---|---|
| 针　叶 | 阔　叶 | 阔　叶 | |
| 雪松<br>*Cedrus deodara* | 樟树<br>*Cinnamomum camphora* | 二球悬铃木<br>*Platanus acerifolia* | 银杏<br>*Ginkgo biloba* |
| 圆柏<br>*Sabina chinensis* | 女贞<br>*Ligustrum lucidum* | 无患子<br>*Sapindus mukorossi* | 槐<br>*Sophora japonica* |
| 罗汉松<br>*Podocarpus macrophyllus* | 广玉兰<br>*Magnolia grandiflora* | 梧桐<br>*Firmiana platanifolia* | 垂柳<br>*Salix babylonica* |
| 龙柏<br>*Sabina chinensis* 'Kaizuka' | 杜英<br>*Elaeocarpus decipiens* | 紫叶李<br>*Prunus cerasifera f. atropurpurea* | |

能沉降 $PM_{2.5}$ 的质量。

$$Vd = M / (C \times T \times LA) \tag{4.7}$$

式中：$M$——叶片吸附的 $PM_{2.5}$ 总质量（微克）；

　　　$C$——空气中 $PM_{2.5}$ 的本底浓度（微克 / 立方米）；

　　　$T$——叶片沉降 $PM_{2.5}$ 的总时间（小时）；

　　　$LA$——参与沉降 $PM_{2.5}$ 的叶片的总面积（平方米）。

2015 年 7 月至 2016 年 1 月间，每季度规定时间前 5 ~ 7 日，在采样点选取树种向阳面约 2/3 高度处的新鲜叶片约 20 片（针叶约 20 克），将测试树种叶片用清水淋洗若干遍（正反面）并做好标记，作为一组样品。每一树种需制备 3 组样品。经过连续不降雨 5 天后，将标记的叶片样品采回实验室迅速进行 $PM_{2.5}$ 吸附量的测定。测定方法依照王兵等人基于风蚀原理的吹脱法（王兵等，2015; Zhang et al., 2015; 房瑶瑶等，2015; 陈波等，2016），即采用气溶胶再发生器（QRJZFSQ-I），将试验叶片上所吸滞的颗粒物再吹起后混匀，并用静电处理防止颗粒物的吸附。通过连接在气溶胶再发生器的 Dustmate 粉尘颗粒物检测仪，检测出悬浮颗粒物的浓度以及气溶胶再发生器内的颗粒物浓度，并测得气溶胶再发生器内容积体积，计算出试验叶片的滞尘量。最后通过样品叶面积和叶片自然沉降期间样地附近大气中 $PM_{2.5}$ 的平均浓度，计算得到干沉降速率 $Vd$。

3. 叶片表面微观特性的测定

本书选取的植物叶片微观指标为叶片的表面粗糙度、表面自由能和蜡质含量。叶片样品的采集方法与前述相同。将采集好的叶片用自封袋包装好并排出自封袋内的空气，带回实验室立即进行测定。在试验开始前，用去离子水清洗叶片表面 2 ~ 3 次，等水分完全蒸发后开始试验。

叶片表面粗糙度的测定使用的是大气下原子力显微镜（AFM）扫描叶片上的部分区域，处理图像后得到轮廓算数平均偏差 Ra。叶片表面自由能可通过光学接触角测量仪进行测量。方法为分别以水和二碘甲烷作为探测液，在光学接触角测量仪上测得两种液滴在不同树种叶片表面的接触角，通过软件计算得到叶片表面自由能的极性分量和色散分量数值，相加可得表面自由能。叶片蜡质含量的测定是将新鲜叶片放置于已知重量的培养皿中，加入 30 毫升三氯甲烷浸泡 60 秒后取出并将培养皿置于通风橱内，至三氯甲烷完全蒸发后两次培养皿的质量的差值即为叶片蜡质的质量。

### 三、结果与分析

**1. 15 种绿化植物叶片上 $PM_{2.5}$ 的干沉降速率**

从图 4-7 可知，2015 年夏季 $PM_{2.5}$ 干沉降速率最大的树种是广玉兰，其次是圆柏、罗汉松、雪松等，而 $PM_{2.5}$ 的干沉降速率相对较低的树种有槐、樟树、银杏，梧桐最低；秋季 $PM_{2.5}$ 干沉降速率最大的树种是紫叶李，其次是广玉兰、槐、圆柏等，而 $PM_{2.5}$ 的干沉降速率相对较低的树种有女贞、无患子、银杏，龙柏最低；冬季 $PM_{2.5}$ 干沉降速率最大的树种是罗汉松，其次是广玉兰、圆柏等，而 $PM_{2.5}$ 的干沉降速率相对较低的树种有女贞、龙柏，樟树最低。

综合 3 个季度的结果来看，松柏类树种叶片表面 $PM_{2.5}$ 的干沉降速率 Vd 要强于一般阔叶树种；从树种的滞尘效果来看，秋季要高于夏季和冬季。可能是由于上海夏季盛行季风以东南风为主，可将较为干净的空气吹向内陆，且有助于大气颗粒物的扩散；秋季气候依然较为潮湿，使植物叶片表面依然较为容易形成水化膜，但是大气环境质量开始下降，使颗粒

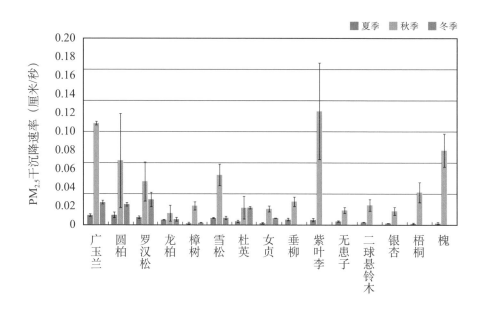

**图 4-7　2015 年夏、秋、冬季不同树种叶片 $PM_{2.5}$ 干沉降速率**

物更容易被吸附且不易脱落。冬季的大气环境状况较差，$PM_{2.5}$ 浓度通常处于一年最高水平，因此增加了植物叶片与 $PM_{2.5}$ 的接触机率，干沉降速率增大。此外，阔叶树种的滞尘能力相差不大，但其中广玉兰的干沉降速率大于其余的阔叶树种。

2. 叶片表面粗糙度的差异

通过 AFM 扫描叶片表面的部分区域，得到叶片表面粗糙度的二维图像和三维图像。图 4-8 表示了不同树种在 3 个季节的轮廓算数平均偏差 $Ra$。

由图 4-8 可知，夏季 $Ra$ 值普遍高于秋季和冬季，这可能是由于夏季强光导致叶片增厚，气孔密度增大引起的（游文娟等，2008）。

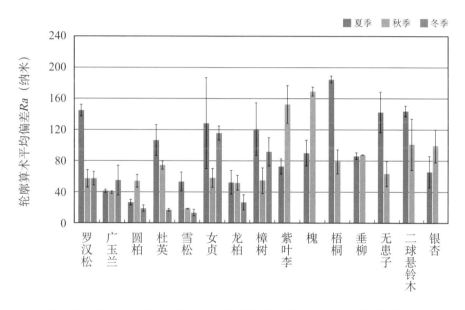

图 4-8　2015 年夏、秋、冬季叶片表面轮廓算术平均偏差（$Ra$）

3. 叶片蜡质含量的差异

各季度中，15 种树种叶片的蜡质含量如图 4-9 所示：植物叶片蜡质含量普遍呈现夏季最高，秋季最低，而冬季植物叶片蜡质含量的规律性较差。叶片的蜡质含量与植物对水分的利用具有很大的作用，研究表明，蜡质在限制水分蒸腾方面发挥了重要作用（Neinhuis and Barthlott, 1998）；蜡质与植物对水分的利用效率具有重要的作用（Hanba et al., 2004），蜡质含量较高的树种对水分的保持较好（Koch et al., 2009）。

4. 叶片表面自由能的差异

通过光学接触角测量仪分别得到水和二碘甲烷在叶片表面上的接触角。根据 Young 方程进行计算，得到不同树种不同季节叶片表面的色散分量、极性分量和表面自由能。

图 4-10 为各树种叶片上表面自由能色散分量的比较。由图可知，针叶树种 3 个季度的

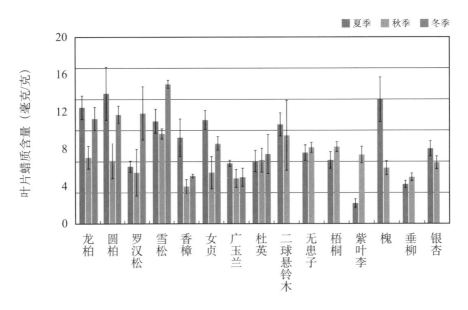

**图4-9　2015年夏、秋、冬季叶片蜡质含量**

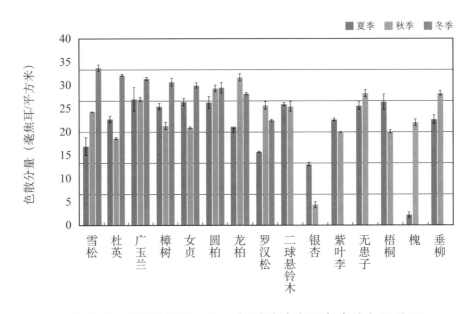

**图4-10　2015年夏、秋、冬季叶片表面自由能色散分量**

变化趋势明显不同于阔叶树种。但是同一树种3个季度的变化量无明显规律。

图4-11为各树种叶片上表面自由能极性分量的比较。由图可知,15种树种叶片表面的极性分量普遍在秋季达到最大,而夏冬两季的数值彼此较为接近,且明显小于秋季的数值。

5. 大气$PM_{2.5}$在叶片上沉降速率多元回归方程的建立

首先我们以所有树种为对象,将干沉降速率作为因变量,蜡质含量、色散分量、极性分量、$Ra$等因子作为自变量,建立回归模型发现,蜡质含量、色散分量和$Ra$的显著性水平均大于0.05,只有极性分量的显著水平小于0.05。因此,对于所有树种的多元回归模型的

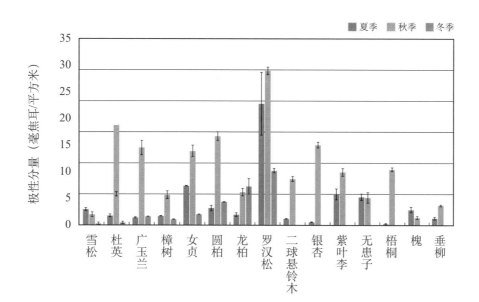

**图 4-11　2015 年夏、秋、冬季叶片表面自由能极性分量**

数据意义并不大。我们认为，不同类型的树种的沉降机制存在差异。因此，将树种分为针叶树种和阔叶树种、常绿树种和落叶树种分别进行多元回归分析。

（1）针叶树种的多元回归分析。将雪松、龙柏、圆柏、罗汉松等针叶树种的干沉降速率和蜡质含量、色散分量、极性分量、轮廓算术平均偏差进行拟合得到表 4-5 所示结果：

从表 4-5 可知，对于针叶树种，蜡质含量、色散分量、极性分量、$Ra$ 的显著性水平均大于 0.05，无法判断干沉降速率与表面粗糙度、色散分量、极性分量的相关性。

**表 4-5　针叶树种的多元回归分析**

| 模型 | 非标准化系数 | | 标准系数 | $t$ | Sig. |
|---|---|---|---|---|---|
| | $\alpha$ | 标准误差 | | | |
| 常量 | 0.047 | 0.036 | | 1.297 | 0.204 |
| 蜡质含量 | -0.003 | 0.002 | -0.391 | -1.952 | 0.060 |
| 色散分量 | 0.001 | 0.001 | 0.104 | 0.541 | 0.592 |
| 极性分量 | 0.001 | 0.001 | 0.372 | 1.639 | 0.111 |
| $Ra$ | 0.000 | 0.000 | -0.397 | -1.653 | 0.108 |

（2）阔叶树种的多元回归分析。从表 4-6 可知，对于阔叶树种，只有极性分量的显著性水平在 0.05 以下，因此认为极性分量对干沉降速率的影响是显著的。从回归系数 $\alpha$ 来看，干沉降速率与极性分量呈正相关关系；蜡质含量、色散分量和 $Ra$ 的显著性水平分别为

0.207、0.053 和 0.394，表明干沉降速率、蜡质含量、色散分量和 $Ra$ 无显著的相关性，但相关性都有所提升。

表 4-6　阔叶树种的多元回归分析

| 模型 | 非标准化系数 | | 标准系数 | $t$ | Sig. |
|---|---|---|---|---|---|
| | $\alpha$ | 标准误差 | | | |
| 常量 | -0.023 | 0.022 | | -1.071 | 0.288 |
| 蜡质含量 | -0.002 | 0.002 | -0.149 | -1.275 | 0.207 |
| 色散分量 | 0.001 | 0.001 | 0.245 | 1.969 | 0.053 |
| 极性分量 | 0.003 | 0.001 | 0.544 | 4.376 | 0.000 |
| $Ra$ | $7.225 \times 10^5$ | 0.000 | -0.397 | 0.859 | 0.394 |

（3）常绿树种的多元回归分析。将雪松、龙柏、圆柏、罗汉松、女贞、樟树、广玉兰、杜英的干沉降速率和蜡质含量、色散分量、极性分量、Ra 进行拟合得到如下表格（表 4-7）。

从表 4-7 可知，对于常绿树种，四项指标的显著性水平均在 0.05 以下，因此认为蜡质含量、色散分量、极性分量、$Ra$ 对常绿树种叶片干沉降速率的影响是显著的。从回归系数 $\alpha$ 来看，干沉降速率与色散分量、极性分量、$Ra$ 呈正相关关系，而与蜡质含量呈负相关关系。但是 $Ra$ 的系数接近于 0，说明轮廓算术平均偏差与常绿树种叶片干沉降速率的关系不大。

表 4-7　常绿树种的多元回归分析

| 模型 | 非标准化系数 | | 标准系数 | $t$ | Sig. |
|---|---|---|---|---|---|
| | $\alpha$ | 标准误差 | | | |
| 常量 | 0.006 | 0.021 | | 0.286 | 0.755 |
| 蜡质含量 | -0.002 | 0.001 | -0.217 | -2.098 | 0.040 |
| 色散分量 | 0.001 | 0.001 | 0.220 | 2.034 | 0.046 |
| 极性分量 | 0.002 | 0.000 | 0.495 | 4.486 | 0.000 |
| $Ra$ | 0.000 | 0.000 | -0.337 | -3.271 | 0.002 |

（4）落叶树种的多元回归分析。从表 4-8 可知，对于落叶树种，只有极性分量的显著性水平在 0.05 以下，因此认为极性分量对干沉降速率的影响是显著的，从回归系数 $\alpha$ 来看，干沉降速率与极性分量呈正相关关系。

表 4-8　落叶树种的多元回归分析

| 模型 | 非标准化系数 | | 标准系数 | t | Sig. |
|---|---|---|---|---|---|
| | $\alpha$ | 标准误差 | | | |
| 常量 | -0.036 | 0.030 | | -1.187 | 0.244 |
| 蜡质含量 | -0.001 | 0.002 | -0.075 | -0.475 | 0.651 |
| 色散分量 | 0.001 | 0.001 | 0.153 | 0.832 | 0.412 |
| 极性分量 | 0.004 | 0.001 | 0.506 | 2.777 | 0.009 |
| 轮廓算术平均偏差 | 0.000 | 0.000 | 0.278 | 1.685 | 0.102 |

## 四、结论与讨论

综合上述结果发现：蜡质含量、色散分量、极性分量、$Ra$ 这 4 项指标对于常绿树种而言是显著的；对于阔叶和落叶树种而言，只有极性分量对两者都是显著的；4 项指标对针叶树种而言都是不显著的。我们认为是有以下几方面原因造成的：

（1）叶片蜡质含量高的树种，其表面不易湿润，导致滞尘能力下降。落叶植物叶片多数为纸质，表面的角质层或蜡质层较少。常绿植物叶片表面多数为角质层或蜡质层较厚，使水分在其表面不易铺展，导致滞尘能力下降（石辉等，2011）。

（2）叶片的表面自由能和界面湿润有直接关系。一般认为自由能色散分量的高低与非极性分子的湿润黏附密切相关，而极性分量主要与极性分子有关（玉亚，2007）。田军等人对管道涂层的研究表明非极性液体与具有较低表面能色散分量的极性涂层表面有较大的接触角（田军，1998），这说明非极性液体较难在极性涂料上进行铺展。而大气中较为常见的液体为水汽，虽然表面能色散分量对极性的水分子有一定的作用，但远不及极性分量对其的作用。所叶片滞尘能力可能主要与表面自由能的极性分量有较大的关系。

（3）叶片表面粗糙的叶片通常具有较强的滞尘能力。张家洋等人的试验发现紫薇、紫叶李等叶表面粗糙、具有沟状组织或呈现明显的脊状褶皱，可以深藏或滞留许多颗粒物（张家洋等，2013）；对于接触角较小的润湿叶片，叶片表面的微观结构凹凸不平，使得颗粒物与叶片的接触面积较大，故叶片滞留颗粒物的能力相对较强。

此外，植物叶片上 $PM_{2.5}$ 的干沉降速率的影响因素还有很多，除了上述 3 种叶片的微观特性之外，可能还与叶片一些微观结构有关，如叶片的表皮毛、气孔等因素。如杨佳（2005）研究发现叶片气孔密度（> 189 个 / 平方毫米）较大，有利于滞尘，且具有绒毛的叶片 $PM_{2.5}$ 滞尘能力更强。王蕾等（2007）发现叶表皮具沟状组织、密集纤毛的树种滞尘能力强，叶表皮具瘤状或疣状突起的树种滞尘能力较差。除此之外，外界大气环境也应当是

植物叶片上 $PM_{2.5}$ 的干沉降速率的重要影响因素，如温度、湿度、$PM_{2.5}$ 浓度，还有风速对 $PM_{2.5}$ 的干沉降也具有影响。

本书从城市大气污染问题的关键因子 $PM_{2.5}$ 出发，研究上海常见绿化树种对大气颗粒物的防控功能，通过叶片表面微观特性的表征，筛选滞尘效果较好的树种并总结了影响因素。本书测定的叶片表面特性因子还比较少，后续的研究可进一步量化植物叶片气孔及表皮毛等微观结构因子，从而进一步探讨植物滞尘的关键影响因素。

## 第三节　上海常见绿化树种重金属富集能力监测研究进展

### 一、研究目的

随着我国工业化和城镇化的发展，城市土壤重金属污染日益严重，也越来越为人们所关注。上海市是我国最重要的工业城市之一，其土壤重金属污染也不容忽视。在浦东工业区，土壤中镍（Ni）的含量比国家二级标准高出 1.5 倍；其表层土中铜（Cu）、铬（Cr）、铅（Pb）、锌（Zn）浓度也都显著高于背景值（谢小进等，2009）。对徐汇区、奉贤区、闵行区的土壤重金属检测表明，45% 以上的样点中 Cr、Zn、Pb 和锰（Mn）的含量超标，其中 Cr 的超标点位占到 86.2%（章立佳，2011）。

土壤重金属污染会造成生态环境恶化，这种污染可以通过植物、空气和水体等途径为人体所吸收，危害人体健康，必须加以治理和修复。木本植物在修复土壤重金属污染方面具有生物量大、生命周期长、对重金属具有一定的耐受力等优势（Azzarello et al.，2012；Pulford and Watson，2003），为筛选、选育适宜的土壤重金属污染修复植物提供了丰富植物材料。

本书通过收集文献资料，结合实地调研与踏查，确定上海重金属污染较严重的区域，通过测定交通污染型、工业污染型和垃圾处理污染型土壤中重金属的种类和含量（Cu、As、Cr、Cd、Pb），利用单因子污染指数对样地污染情况进行评估；同时分析这些地区的木本植物根、枝干和叶片中相应重金属的含量，通过生物富集系数分析绿化植物从土层中吸收重金属的能力，筛选适宜上海市重金属污染区域种植的树种。

### 二、研究方法

#### 1. 样地设置

选择样地时要考虑样地的代表性。为了便于植物样品的采集，还要考虑样地能否反映上海地区城市绿地分布格局和植被组成特点、绿化植物的多样性、建植时间、取样的便利性等因素（表4-9）。

表 4-9　采样点分布

| 污染类型 | 采样点 |
| --- | --- |
| 交通污染型 | 闵行区莘庄立交桥 |
| | 宝山区外环路（S20）蕴川立交桥 |
| | 浦东新区五洲大道—赵高路绿地 |
| | 浦东新区迎宾大道（S1-）—唐黄路绿地 |
| 工业污染型 | 宝山钢铁厂北部绿地 |
| | 月浦工业园区 |
| | 吴泾工业区 |
| 垃圾处理污染型 | 江桥生活垃圾焚烧发电厂 |
| | 御桥生活垃圾发电厂 |
| | 老港生活垃圾填埋场 |

**2．样品采集**

土壤样品采集：采集深度分为 0 ～ 5 厘米、5 ～ 20 厘米、20 ～ 50 厘米 3 个层次。根据相应区域的地形特点，每个层次按直线法或梅花布点法随机采集 5 ～ 8 个样本，混合为 1 个土样，每个区域每个层次采集 4 个平行样本。

植物样品采集：在每个样点中，采集主要优势绿化树种，每个树种选择 3 株样树，各样树的树高、树龄、生长情况等尽可能保持一致。分别采集叶片、枝条（和树干）、根。

**3．样品处理**

剔除土壤样品中的植物残体、石块和其他杂物，自然风干。土样粉碎后过 20 目尼龙筛，充分混匀后用四分法分成两份保存备用。将植物样品表面的灰尘和泥垢用自来水充分冲洗，然后用去离子水冲洗 3 次，于烘箱内 105℃杀青，之后 70℃烘至恒重，用不锈钢粉碎机粉碎，装袋备测。

**4．样品重金属含量测定**

样品采用湿法消解。过滤定容后利用等离子电感耦合发射光谱仪（ICP）测定样品溶液中各种重金属元素（As、Cd、Cr、Cu、Pb）的浓度。

**5．单因子污染指数**

单因子指数法是将实测值与标准值进行对比评判环境质量的一种方法。其计算公式：

$$P_i = C_i / S_i \tag{4.8}$$

式中：$P_i$——土壤中 $i$ 污染物的污染指数；

$\qquad C_i$——$i$ 污染物的实测浓度（毫克／千克）；

$S_i$——土壤 $i$ 污染物的标准值。

　　土壤中各种重金属的标准根据国家标准（GB15618—1995）的规定绿化用地重金属含量参照三级标准。然后将计算出的 $P_i$ 数据与土壤重金属污染等级划分标准对比，评判土壤中重金属的污染情况。

### 三、结果与分析

#### 1. 交通污染型样地重金属污染状况

　　根据土壤样品中 As、Cd、Cr、Cu 和 Pb 的实测含量和标准值计算，获得各样地的 As、Cd、Cr、Cu、Pb 重金属单因子污染指数（图4-12）。在 4 个样地中 Cd 的污染最为严重，均达到了中度污染的程度，其中五洲大道的 Cd 污染最重，接近甚至达到了严重污染的程度。其次 As 的含量也比较高，4 块样地均达到了轻度污染的程度。五洲大道样地中 Cr 含量比较

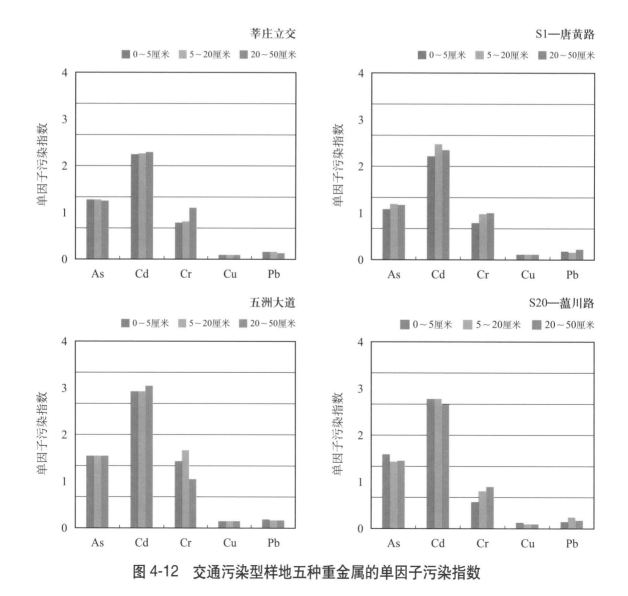

**图4-12　交通污染型样地五种重金属的单因子污染指数**

高，达到了轻度污染的程度。莘庄立交桥样地仅 20 ～ 50 厘米这一层达到了轻度污染。Cu 和 Pb 的含量均比较少，均未达到污染的程度。不同土层间重金属的含量差异不明显，这可能是由于这些绿地在建设前进行了换土，人为的扰动比较大。

2．工业污染型样地重金属污染状况

图 4-13 中反映了 3 个样地中不同重金属的污染状况。从中可以发现样地中不同重金属的含量差异较大。其中，吴泾的 Cd 污染最重，接近甚至达到了严重污染的程度。而月浦工业园区样地中的 Cr 污染较重，0 ～ 5 厘米的表土层更是达到了严重级别，5 ～ 20 厘米的土层也接近轻度污染的程度。在这几个样地中 As、Cu 和 Pb 的含量均比较少，均未达到污染的程度。不同土层间重金属的含量差异较为明显，基本呈现由上至下依次降低的趋势。

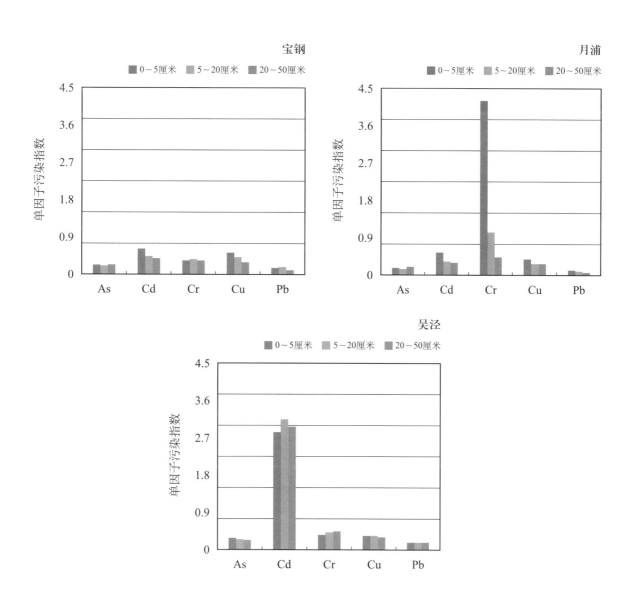

图 4-13　工业污染型样地重金属的单因子污染指数

### 3．垃圾污染型样地重金属污染状况

3 个垃圾处理样点的土壤重金属污染状况见图 4-14。在老港生活垃圾填埋场中 20 ～ 50 厘米土层中 Cd 污染指数达到了 1.0，处于轻度污染水平；该土层中 Cu 的含量也较高，污染指数接近 1.0；老港样点土壤中的 As、Cr 和 Pb 未达到污染水平。而江桥和御桥两个样点的 5 种重金属均处于清洁水平（图 4-14）。

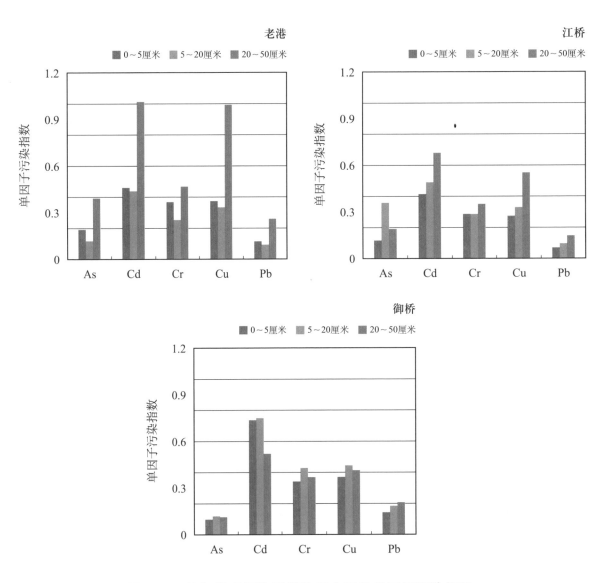

**图 4-14　垃圾处理污染型样地重金属的单因子污染指数**

### 4．植物体内重金属的含量

共采集了 41 种木本植物，分属于 29 科 40 属，其中大乔木 19 种，小乔木 13 种，灌木 9 种。除构树（*Broussonetia papyrifera*）、毛泡桐（*Paulownia tomentosa*）和桑树（*Morus alba*）为自然定居植物外，其余全部为人工种植。

主要绿化树种各器官内重金属含量如表 4-10 所示。总体上，植物体内 5 种元素的含量由高到低依次为：Cu > Pb > Cr > As > Cd。Guan Dong-shen（Dong-Sheng and Peart，2006）、王爱霞（王爱霞等，2009）等人也得出了类似结论。这可能与 Cu 是植物生长的必需元素有关。从表 4-10 中还可以看出，木本植物体内重金属多集中在根和叶中，茎中含量最少。但具体情况比较复杂，As 在植物中含量范围是 0 ~ 0.96 毫克/千克，含量最高的是慈孝竹（*Bambusa multiplex*）根，其后依次为慈孝竹叶、紫叶李（*Prunus cerasifera*）根、加杨（*Populus canadensis*）叶、黄山栾树（*Koelreuteria bipinnata*）叶、紫叶李叶、丝绵木（*Euonymus maackii*）根、蚊母树（*Distylium racemosum*）根、茎和叶；Cd 含量最高的是加杨叶，达到 1.91 毫克/千克，其后依次是加杨根、垂柳（*Salix babylonica*）叶、结香（*Edgeworthia chrysantha*）根和茎、垂柳茎和根、木芙蓉（*Hibiscus mutabilis*）茎，加杨茎，结香叶；Cr 含量最高的是慈孝竹叶，其后依次是黄杨根、无患子（*Sapindus mukorossi*）根、悬铃木（*Platanus acerifolia*）叶、无患子茎、慈孝竹根、海棠（*Malus spectabilis*）茎、慈孝竹茎、火棘（*Pyracantha fortuneana*）叶和紫叶李叶；Cu 在植物中含量范围为 0 ~ 42.83 毫克/千克，含量最高的是黄杨根，其后依次是火棘叶、毛泡桐根、紫叶李叶、慈孝竹叶、金丝桃（*Hypericum monogynum*）根、苦楝根、结香叶、蚊母叶、无患子叶；绿化树种中 Pb 含量最高是海棠茎，达到了 32.18 毫克/千克，其后依次是木芙蓉根、金钟花根、紫叶李根、丝棉木根、紫叶李茎、慈孝竹根，构树叶、慈孝竹叶、水杉叶。

**表 4-10　样地主要木本优势植物重金属含量**（毫克/千克）（均值 ±SE，*n*=3）

| 植物 | 器官 | As | Cd | Cr | Cu | Pb |
|------|------|------|------|------|------|------|
| 八仙花 | 叶 | 0 | 0.03±0.01 | 1.37±0.36 | 6.76±0.35 | 0.25±0.04 |
| | 茎 | -0.07±0.11 | 0.01±0 | 0.20±0.03 | -1.90±2.69 | 0.50±0.14 |
| | 根 | 0.14±0.02 | 0.10±0.03 | 2.65±0.62 | 1.04±0.35 | 0.86±0.41 |
| 池杉 | 叶 | 0.12±0.05 | 0.10±0.02 | 1.29±0.51 | 4.12±1.48 | 3.25±1.44 |
| | 茎 | 0.05±0.09 | 0.10±0.02 | 0.24±0.10 | 4.06±0.40 | 1.18±0.58 |
| | 根 | 0.08±0.05 | 0.08±0.01 | 0.68±0.58 | 4.97±0.47 | 0.37±0.18 |
| 杜英 | 叶 | 0 | 0.06±0.04 | 10.63±0.67 | 9.92±0.79 | 1.31±0.36 |
| | 茎 | 0 | 0.11±0.03 | 8.73±0.60 | 5.33±0.32 | 1.93±0.31 |
| | 根 | 0 | 0.08±0.03 | 8.71±0.67 | 7.71±0.55 | 1.36±0.36 |
| 构树 | 叶 | 0.51±0.34 | 0.11±0.03 | 1.98±1.21 | 8.26±1.34 | 5.68±4.15 |
| | 茎 | -0.01±0.06 | 0.06±0.05 | 0.89±1.02 | 2.24±1.12 | 0.57±0.27 |
| | 根 | 0.21±0.31 | 0.04±0.04 | 1.26±1.02 | 3.91±2.78 | 1.06±0.97 |
| 广玉兰 | 叶 | 0.07±0.06 | 0.06±0.04 | 1.52±0.70 | 5.27±3.71 | 0.70±0.09 |
| | 茎 | -0.18±0.13 | 0.03±0.01 | 0.94±0.26 | 4.03±2.05 | 0.95±0.35 |
| | 根 | -0.06±0.04 | 0.19±0.07 | 1.98±0.41 | 12.11±6.34 | 2.10±0.42 |
| 桂花 | 叶 | 0.19±0.16 | 0.06±0.02 | 0.24±4.71 | 3.26±1.85 | 0.38±0.92 |
| | 茎 | 0.07±0.01 | 0.11±0.08 | -0.17±0.3 | 5.02±0.84 | 0.27±0.06 |
| | 根 | 0.19±0.13 | 0.04±0.01 | 1.08±0.13 | 13.25±6.78 | 0.27±0.10 |

（续）

| 植物 | 器官 | As | Cd | Cr | Cu | Pb |
|---|---|---|---|---|---|---|
| 海棠 | 叶 | 0.15±0.04 | 0.06±0.04 | 3.92±0.30 | 0.15±0.03 | 0.74±0.33 |
| | 茎 | -0.04±0.03 | 0.24±0.01 | 19.88±0.09 | 3.86±0.45 | 32.18±1.89 |
| | 根 | -0.06±0.04 | 0.01±0.01 | 3.33±0.31 | 2.34±0.16 | 0.82±3.84 |
| 海桐 | 叶 | 0.14±0.23 | 0.26±0.32 | 1.36±2.04 | 7.37±4.46 | 1.11±0.70 |
| | 茎 | 0.04±0.15 | 0.19±0.35 | 0.09±0.24 | 3.66±2.56 | 0.74±0.57 |
| | 根 | 0.09±0.14 | 0.07±0.08 | 1.37±2.13 | 8.23±6.32 | 0.52±0.48 |
| 复叶槭 | 叶 | 0.11±0.11 | 0.16±0.16 | 7.66±7.66 | 5.98±5.98 | 1.14±1.14 |
| | 茎 | 0.34±0.17 | 0.28±0.12 | 3.57±3.89 | 5.07±3.70 | 0.65±0.35 |
| | 根 | 0.19±0.21 | 0.27±0.12 | 3.98±4.78 | 4.28±3.29 | 3.10±1.67 |
| 合欢 | 叶 | 0.25±0 | 0.10±0.03 | -0.14±0.26 | 6.59±1.59 | 0.95±0.38 |
| | 茎 | 0.24±0.03 | 0.02±0.02 | 0.09±0.02 | 3.07±0.32 | 0.05±0 |
| | 根 | 0.24±0.03 | 0.08±0.03 | 0.13±0.03 | 7.01±0.28 | 0.32±0.08 |
| 红花檵木 | 叶 | 0.53±0.46 | 0.06±0.04 | 1.70±1.86 | 4.59±2.72 | 2.06±0.86 |
| | 茎 | 0.19±0.14 | 0.06±0.03 | 0.44±0.58 | 3.29±2.81 | 1.00±0.74 |
| | 根 | 0.69±0.60 | 0.10±0.11 | 2.47±2.50 | 16.47±11.64 | 1.69±0.66 |
| 红叶石楠 | 叶 | 0.10±0.01 | 0.18±0.07 | 0.51±0.12 | -1.56±2.20 | 0.86±0.29 |
| | 茎 | 0.19±0.03 | 0.14±0.03 | 0.40±0.10 | -1.46±2.06 | 1.96±0.20 |
| | 根 | 0.51±0.13 | 0.16±0.07 | 1.40±0.21 | -0.14±0.19 | 1.01±0.29 |
| 黄山栾树 | 叶 | 0.89±0.37 | 0.19±0 | 1.62±0.67 | 5.92±1.10 | 3.21±0.54 |
| | 茎 | 0.12±0.17 | 0.10±0.01 | 0.10±0.05 | 2.86±0.53 | 0.34±0.48 |
| | 根 | 0.17±0.24 | 0.08±0.01 | 0.48±0.07 | 4.09±2.07 | 0.39±0.07 |
| 黄杨 | 叶 | 0.09±0.13 | 0.04±0.04 | 1.64±1.41 | 3.16±3.59 | 1.17±0.58 |
| | 茎 | 0.18±0.17 | 0.03±0.04 | 1.09±0.46 | 8.50±2.59 | 1.01±0.83 |
| | 根 | 0.56±0.77 | 0.25±0.28 | 30.72±46.76 | 42.83±39.78 | 1.45±1.29 |
| 火棘 | 叶 | 0.36±0.29 | 0.21±0.15 | 15.48±6.71 | 24.37±22.18 | 2.24±1.38 |
| | 茎 | 0.10±0.07 | 0.28±0.05 | 10.54±5.68 | 9.54±2.65 | 1.94±0.59 |
| | 根 | 0.25±0.24 | 0.19±0.13 | 8.99±7.50 | 9.82±7.01 | 1.99±1.55 |
| 夹竹桃 | 叶 | 0.22±0.15 | 0.09±0.05 | 4.69±4.89 | 9.94±2.47 | 3.50±4.98 |
| | 茎 | 0.14±0.08 | 0.09±0.04 | 3.25±5.01 | 5.01±3.37 | 0.69±0.39 |
| | 根 | 0.22±0.18 | 0.15±0.16 | 5.38±7.11 | 6.26±3.95 | 1.08±1.08 |
| 结香 | 叶 | 0.50±0.17 | 0.54±0.16 | 9.73±0.42 | 18.00±0.71 | 2.74±0.45 |
| | 茎 | 0.26±0.01 | 0.95±0.35 | 8.42±3.11 | 5.03±0.15 | 2.05±0.31 |
| | 根 | 0.24±0.03 | 0.96±0.14 | 7.11±0.83 | 12.60±3.42 | 1.50±0.70 |
| 金丝桃 | 叶 | 0.29±0.03 | 0.37±0.11 | 8.38±2.98 | 8.79±0.07 | 0.98±0.04 |
| | 茎 | 0.09±0.04 | 0.23±0.06 | 5.66±0.80 | 9.58±0.64 | 1.49±0.15 |
| | 根 | 0.35±0.14 | 0.28±0.06 | 9.57±1.31 | 20.67±0.93 | 3.32±0.68 |
| 金钟花 | 叶 | 0.32±0.15 | 0.10±0 | 1.60±0.66 | 5.51±1.45 | 3.53±0.68 |
| | 茎 | 0.13±0.19 | 0.03±0.02 | 0.22±0.14 | 4.44±2.59 | 0.70±0.32 |
| | 根 | 0.28±0.10 | 0.10±0 | 2.35±1.91 | 10.30±2.60 | 18.42±25.04 |

（续）

| 植物 | 器官 | As | Cd | Cr | Cu | Pb |
|---|---|---|---|---|---|---|
| 苦楝 | 叶 | 0.47±0.29 | 0.21±0.08 | 2.11±1.98 | 4.74±2.24 | 1.67±0.69 |
| | 茎 | 0.18±0.21 | 0.13±0.07 | 1.20±1.13 | 3.29±2.00 | 1.03±1.48 |
| | 根 | 0.29±0.24 | 0.07±0.05 | 1.59±1.33 | 18.40±34.26 | 0.43±0.39 |
| 垂柳 | 叶 | 0.55±0.72 | 1.02±1.14 | 6.74±7.94 | 9.17±0.94 | 1.38±0.41 |
| | 茎 | 0.39±0.65 | 0.84±0.53 | 4.52±6.63 | 8.32±4.22 | 0.57±0.27 |
| | 根 | 0.24±0.16 | 0.80±0.28 | 6.78±4.98 | 9.38±2.83 | 1.92±0.49 |
| 龙柏 | 叶 | 0.31±0.31 | 0.16±0.07 | 8.26±12.38 | 5.04±1.98 | 1.36±0.08 |
| | 茎 | 0.02±0.03 | 0.15±0.05 | 5.29±7.87 | 5.10±2.22 | 1.26±0.45 |
| | 根 | 0.28±0.27 | 0.18±0.10 | 4.44±6.02 | 5.37±1.77 | 2.32±0.46 |
| 栾树 | 叶 | 0.34±0.21 | 0.14±0.05 | 4.53±5.19 | 7.40±1.90 | 2.06±0.86 |
| | 茎 | 0.35±0.24 | 0.10±0.05 | 3.39±4.78 | 5.49±2.83 | 0.69±0.32 |
| | 根 | 0.21±0.16 | 0.11±0.06 | 3.97±4.93 | 7.32±5.47 | 1.37±1.43 |
| 木芙蓉 | 叶 | 0.21±0.08 | 0.14±0.06 | 0.89±1.03 | 8.22±3.35 | 2.66±0.82 |
| | 茎 | -0.01±0.02 | 0.63±0.75 | 0.56±0.27 | 3.77±0.45 | 1.50±0.13 |
| | 根 | 0.14±0.04 | 0.16±0.03 | 0.78±0.39 | 7.88±0.46 | 20.14±0.38 |
| 女贞 | 叶 | 0.25±0.10 | 0.10±0.05 | 4.52±5.76 | 10.72±5.58 | 1.56±0.66 |
| | 茎 | 0.15±0.22 | 0.05±0.04 | 3.04±3.88 | 4.81±2.44 | 0.86±0.82 |
| | 根 | 0.16±0.19 | 0.07±0.05 | 3.38±2.69 | 7.47±3.17 | 1.34±1.82 |
| 毛泡桐 | 叶 | 0.56±0.13 | 0.07±0.02 | 2.86±0.53 | 11.56±2.38 | 4.03±0.72 |
| | 茎 | 0.15±0.14 | 0.01±0.02 | 5.48±8.66 | 6.43±1.73 | 0.26±0.32 |
| | 根 | 0.23±0.26 | 0.03±0.01 | 1.29±0.83 | 24.24±5.21 | 1.05±0.67 |
| 桑树 | 叶 | 0.10±0.10 | 0.08±0.02 | 1.01±0.09 | 5.35±4.82 | 1.01±0.06 |
| | 茎 | -0.02±0.11 | 0±0.01 | 0.01±0.23 | 3.14±1.35 | 0.29±0.13 |
| | 根 | 0.10±0.05 | 0.05±0.03 | 0.71±0.27 | 3.55±7.84 | 0.50±0.38 |
| 珊瑚树 | 叶 | 0.16±0.27 | 0.19±0.04 | 0.51±0.13 | 4.83±0.87 | 1.04±0.33 |
| | 茎 | 0.18±0.25 | 0.16±0.01 | 0.78±0.91 | 3.72±1.21 | 0.78±0.22 |
| | 根 | 0.19±0.37 | 0.17±0.05 | 0.78±0.36 | 10.72±3.11 | 1.10±0.23 |
| 水杉 | 叶 | 0.49±0.09 | 0.10±0.02 | 5.03±3.19 | 8.49±2.52 | 4.58±0.93 |
| | 茎 | 0.13±0.10 | 0.05±0.02 | 4.11±3.91 | 3.72±1.75 | 1.16±0.57 |
| | 根 | 0.13±0.10 | 0.04±0.03 | 3.07±2.71 | 4.53±1.75 | 1.23±1.04 |
| 丝棉木 | 叶 | 0.49±0 | 0.05±0.01 | 1.03±0.06 | -0.45±0.64 | 1.83±1.07 |
| | 茎 | -0.08±0.11 | 0.02±0.01 | 0.17±0.02 | -1.44±2.04 | 0.16±0.06 |
| | 根 | 0.76±0.34 | 0.28±0.05 | 9.87±4.06 | 2.53±2.06 | 8.44±0.77 |
| 蚊母 | 叶 | 0.77±0.15 | 0.08±0.04 | 11.63±3.22 | 17.78±20.52 | 1.63±0.04 |
| | 茎 | 0.75±0.67 | 0.07±0.01 | 8.22±3.30 | 8.97±2.85 | 3.09±0.70 |
| | 根 | 0.73±0.34 | 0.03±0 | 9.18±3.12 | 5.53±2.28 | 1.85±0.96 |
| 无患子 | 叶 | 0.37±0.37 | 0.33±0.07 | 11.79±0.36 | 16.77±5.37 | 1.83±0.38 |
| | 茎 | 0 | 0.23±0.06 | 23.23±3.17 | 8.37±3.23 | 1.77±1.05 |
| | 根 | 0.30±0.06 | 0.25±0.03 | 24.51±3.65 | 9.11±1.35 | 2.26±0.63 |

（续）

| 植物 | 器官 | As | Cd | Cr | Cu | Pb |
|---|---|---|---|---|---|---|
| 香樟 | 叶 | 0.15±0.05 | 0.07±0.02 | 6.12±3.88 | 8.10±0.70 | 1.07±0.20 |
| | 茎 | 0.29±0.08 | 0.08±0.02 | 2.38±1.46 | 5.64±1.05 | 0.82±0.15 |
| | 根 | 0.33±0.06 | 0.18±0.32 | 4.00±1.48 | 11.90±3.58 | 2.88±1.78 |
| 悬铃木 | 叶 | 0.25±0.01 | 0.20±0.07 | 24.35±3.53 | 13.90±2.28 | 1.02±0.07 |
| | 茎 | 0.09±0.02 | 0.05±0.01 | 10.10±0.49 | 12.55±3.44 | 1.20±0.07 |
| | 根 | 0.37±0.11 | 0.13±0.03 | 14.34±4.41 | 8.33±2.99 | 3.80±1.04 |
| 加杨 | 叶 | 0.91±1.27 | 1.19±0.60 | 13.21±11.11 | 11.10±0.89 | 1.46±0.79 |
| | 茎 | 0.31±0.35 | 0.60±0.07 | 9.62±9.95 | 5.11±2.67 | 0.59±0.31 |
| | 根 | 0.42±0.15 | 1.18±0.22 | 13.04±11.29 | 12.32±5.87 | 1.85±0.85 |
| 银杏 | 叶 | 0.28±0.08 | 0.09±0.01 | 6.24±3.12 | 10.48±17.05 | 2.02±0.48 |
| | 茎 | 0.02±0.02 | 0.03±0.02 | 3.55±4.48 | 1.60±5.37 | 2.24±0.62 |
| | 根 | 0.20±0.18 | 0.18±0.18 | 4.40±4.73 | 6.02±1.27 | 2.96±0.16 |
| 云南黄馨 | 叶 | 0.13±0.01 | 0.03±0.03 | 2.98±2.32 | 12.75±1.42 | 1.89±1.09 |
| | 茎 | 0.15±0.09 | 0.01±0.03 | 0.57±0.04 | 8.73±2.17 | 0.14±0.19 |
| | 根 | 0.11±0.26 | 0.01±0.02 | 1.51±1.04 | 6.86±4.47 | 0.50±0.45 |
| 慈孝竹 | 叶 | 0.96±0.18 | 0.40±0.04 | 34.17±2.97 | 21.65±1.23 | 4.83±0.44 |
| | 茎 | 0.14±0.03 | 0.09±0.01 | 18.42±0.36 | 12.78±3.68 | 1.43±0.17 |
| | 根 | 0.96±0.15 | 0.25±0.05 | 21.04±0.01 | 15.37±0.42 | 7.49±0.46 |
| 紫荆 | 叶 | 0.10±0.05 | 0.04±0.02 | 0.91±0.19 | 5.42±0.94 | 1.02±0.17 |
| | 茎 | 0±0.06 | 0.01±0.01 | 0.40±0.37 | 2.57±0.58 | 0.53±0.50 |
| | 根 | 0.10±0.08 | 0.04±0.02 | 2.42±2.68 | 6.72±1.44 | 0.23±0.18 |
| 紫薇 | 叶 | 0.10±0.06 | 0.50±0.56 | 4.99±4.69 | 6.72±3.28 | 1.33±0.54 |
| | 茎 | 0.09±0.04 | 0.11±0.02 | 3.89±5.81 | 6.11±6.47 | 0.65±0.47 |
| | 根 | 0.44±0.52 | 0.37±0.22 | 3.38±4.89 | 7.70±8.05 | 1.46±0.52 |
| 紫叶李 | 叶 | 0.81±0.39 | 0.23±0.03 | 14.50±2.49 | 23.02±2.85 | 3.88±0.67 |
| | 茎 | 0.17±0.08 | 0.18±0.06 | 8.04±0.11 | 11.60±0.63 | 7.61±0.70 |
| | 根 | 0.92±0.21 | 0.31±0.04 | 8.62±0.64 | 11.19±0.86 | 10.30±0.42 |

## 四、结论与讨论

### 1. 上海市土壤重金属污染状况

从总体上看，Cd 在各种污染类型的多个样点中达到了不同程度的污染水平，尤其在五洲大道和吴泾工业区更达到了严重污染的水平。因此，从污染范围和污染程度两方面，Cd 都是上海市绿化土壤中污染最严重的重金属。安丽等人在测定了上海市区和郊区的 13 个样点后也得到了类似的结果（安丽等，2006）。Cr 是仅次于 Cd 的污染物，在月浦工业园区的表层土中污染最为严重，在五洲大道和莘庄立交桥，也达到了轻度污染的程度。As 在部分地区达到了轻度污染的程度。在本次调查中，Pb 和 Cu 的含量多为不超标，仅老港生活垃圾

处理厂接近轻度污染水平。值得注意的是，上海市土壤重金属污染还呈现出复合污染的特点。如五洲大道、莘庄立交桥和S1—唐黄路均表现为Cd-Cr-As复合污染；S20—蕰川路样区为Cd-As复合污染；老港垃圾处理厂的土壤则是Cd-Cu复合污染。

2．上海市常见绿化树种富集重金属能力

研究表明，主要绿化树种各器官内5种重金属元素的含量由高到低依次为：Cu＞Pb＞Cr＞As＞Cd。对Cd的富集能力最强的为结香，富集系数为1.48；对Cr积累能力最好为八仙花，富集系数是0.033；对As积累能力最好的植被是红叶石楠，富集系数是0.099；对Cu的富集最强的是黄杨；对Pb积累能力最好是木芙蓉。重金属元素在木本植物体内的分布基本多集中在根和叶中，茎中含量最少。如As在植物中含量范围是0～0.96毫克/千克，含量最高的是慈孝竹的根；Cd含量最高的是加杨叶，达到1.91毫克/千克；Cr含量最高的是慈孝竹的叶；Cu在植物中含量范围为0～42.83毫克/千克，含量最高的是黄杨根。但也有例外，Pb含量最高是海棠茎，达到了32.18毫克/千克。因此，重金属在木本植物体内的沉积和转移机理比较复杂，有待于深入研究。

3．不同污染类型绿化树种的推荐

针对于道路周边土壤中主要重金属为Cd，其次是As和Cr，具有以上重金属污染问题的道路绿化可优先选择结香、红叶石楠、黄杨、八仙花、紫薇、柳树、合欢、复叶槭、香樟、木芙蓉等；而针对工业区周边土壤中重金属污染物主要是Cd和Cr，可选择八仙花、池杉、慈孝竹、杜英、复叶槭、构树、广玉兰、桂花、海棠等；同样在垃圾场周边主要污染重金属为Cd和Cu。对于这些地区可选择广玉兰、香樟、结香、黄杨、加杨、柳树、木芙蓉、银杏、珊瑚树、金钟花等。

## 第四节　上海城市森林林下植被群落特征及多样性监测研究

### 一、研究目的

林下植被包括森林林下灌木植物、草本植物以及藤本植物等，是森林生态系统的重要组成部分（杨昆和管东生，2006）。林下植被的研究最早可以追溯到上个世纪，主要的研究内容集中于林下植被对于立地的指示作用。20世纪中页以来，这方面的研究开始逐渐得以深化，大量研究主要集中于：林下植被与生态系统的其他组成成员之间的相互作用关系；林下植被的演替和生态系统的平衡与发展；林下植被在生态系统中的作用。

据研究（陈民生等，2008），林下植被在森林生态系统中，主要在营养元素的循环和森林水土保持，以及指示林内微环境和林分生长状态等方面发挥作用。一方面，林下植被的分布和生长特征受到林分乔木层特征的限制；另一方面，林下植被也通过生命活动不断地改变着林下微环境，从而对整个森林生态系统的稳定、演替发展和生物多样性起着重要作用。因此，开展上海城市森林林下植被群落特征及多样性研究，通过对林下植被生长状态的调查，能从侧面反映森林的生长环境的变化，从而能预测森林生态系统的健康状况和发展趋势。

## 二、研究方法

### 1．调查方法

根据上海城市森林的分布情况，于各区县选定 23 块样地，针对不同林分，分别设置若干块固定样方，分别于 2013 年、2014 年和 2015 年进行了数据收集。样方设置采用经典样方法，在各种林分中设置 20 米 ×20 米的典型样方，全市共计 95 块。在每个样方内各设置 3 个 2 米 ×2 米灌木层（含乔木更新层）和 3 个 1 米 ×1 米草本层样方。详细调查灌木（包括直径＜ 2 厘米的小乔木或幼苗）、草本（包括蕨类植物）和层间植物的种类、盖度、高度及生长状况等。计算每种植物的相对密度、相对频度、相对盖度和重要值。根据 Raunkiaer 生活型分类系统（Chapman，1981；Mueller-Dombois, Ellenberg，1986），编制了上海城市森林林下维管植物生活型谱，分析叶的特征。

### 2．分析方法

（1）重要值的计算。灌木层及草本层重要值 = 相对密度 + 相对频度 + 相对盖度（董鸣，1996；宋青等，2008）

（2）多样性的测定。本书以重要值作为多样性指数的测度依据（马克平等，1995），选用以下几种常用测定方法（章文佳等，2015）：

Shannon-Wiener 指数：

$$H = - \sum P_i \ln P_i \tag{4.9}$$

Simpson 指数：

$$D = 1 - \sum P_i^2 \tag{4.10}$$

Pielou 均匀度指数：

$$J_{sw} = ( - \sum P_i \ln P_i ) / \ln S \tag{4.11}$$

式中：$H$——Shannon-Wiener 指数；

$D$——Simpson 指数；

$J_{sw}$——Pielou 均匀度指数；

$P_i$——样方中种 $i$ 的相对重要值；

$S$——物种丰富度，即样地内所有植物种数。

### 三、结果与分析

#### 1. 林下植被的组成

根据 95 个样方的资料统计，上海市城市森林林下植被群落中共出现维管束植物 110 种，隶属于 51 科 101 属（表 4-11）。其中，蕨类植物 1 科 1 属 2 种，种子植物 51 科 100 属 108 种(包括裸子植物 0 科 0 属 0 种，双子叶植物 47 科 86 属 93 种，单子叶植物 3 科 14 属 15 种)。属种数量占优势的科为禾本科（Gramineae，14 属 15 种）、菊科（Compositae，14 属 14 种）、豆科（Leguminosae，4 属 4 种）、蔷薇科（Rosaceae，4 属 4 种）、十字花科（Cruciferae，4 属 4 种）、榆科(Ulmaceae，3 属 3 种)、大戟科(Euphorbiaceae，3 属 3 种)、茜草科（Rubiaceae，3 属 3 种）和木犀科（Oleaceae，2 属 4 种），植物组成中仅含 1 种的有 29 科，占科总数的 56.86%。从数据统计看，上海城市森林林下植被群落中被子植物占有绝对优势，蕨类植物仅 2 种，裸子植物成分缺乏，说明针叶树种林下更新较为困难；林下的植物组成中以禾本科和菊科的草本植物占有优势，主要源于田间的杂草；仅含 1 种的科数占总科数的一半以上，反映了林下植被群落的科属组成较为分散。

**表 4-11　上海城市森林林下植被组成**

| 类别 | | 科数（个） | 占总科数的百分比（%） | 属数（个） | 占总属数的百分比（%） | 种数（个） | 占总种数的百分比（%） |
|---|---|---|---|---|---|---|---|
| 蕨类植物 | | 1 | 1.96 | 1 | 0.99 | 2 | 1.82 |
| 裸子植物 | | 0 | 0.00 | 0 | 0.00 | 0 | 0.00 |
| 被子植物 | 双子叶植物 | 47 | 92.16 | 86 | 85.15 | 93 | 84.55 |
| | 单子叶植物 | 3 | 5.88 | 14 | 13.86 | 15 | 13.64 |
| 总计 | | 51 | 100.00 | 101 | 100.00 | 110 | 100.00 |

#### 2. 林下植被生活型

植物生活型可以反映出植物和环境间的关系，生活型的形成是植物对相同环境条件趋同适应的结果。根据 Raunkiaer 的生活型系统，对上海城市森林群落和不同林分的林下植被生活型进行对比分析（表 4-12）。从整体上看，一年生植物和高位芽植物种类较多，在林下植被群落中处于优势地位，其生活型分别占总数的 34.55% 和 31.82%。地上芽植物、地面芽植物和地下芽植物种类较少，分别有 21 种、11 种、5 种，分别占总种数的 19.09%、10.00%、4.55%。说明上海城市森林林下灌木层以乔木更新小苗为主，如香樟、女贞、栾树等；草本层以 1 年生的田间杂草为主，地上芽、地面芽和地下芽层片在草本层中无明显优势。

表4-12 上海城市森林林下植被的生活型谱

| 林分类型 | 数量 | 高位芽植物 | 地上芽植物 | 地面芽植物 | 地下芽植物 | 1年生植物 | 总计 |
|---|---|---|---|---|---|---|---|
| 整体 | 种数(个) | 35 | 21 | 11 | 5 | 38 | 110 |
| | 百分比(%) | 31.82 | 19.09 | 10.00 | 4.55 | 34.55 | 100.00 |
| 常绿阔叶林 | 种数(个) | 21 | 16 | 7 | 3 | 30 | 77 |
| | 百分比(%) | 27.27 | 20.78 | 9.09 | 3.90 | 38.96 | 100.00 |
| 常绿落叶阔叶混交林 | 种数(个) | 10 | 6 | 2 | 1 | 18 | 37 |
| | 百分比(%) | 27.03 | 16.22 | 5.41 | 2.70 | 48.65 | 100.00 |
| 落叶阔叶林 | 种数(个) | 10 | 11 | 5 | 5 | 24 | 55 |
| | 百分比(%) | 18.18 | 20.00 | 9.09 | 9.09 | 43.64 | 100.00 |
| 针叶林 | 种数(个) | 9 | 16 | 7 | 4 | 28 | 64 |
| | 百分比(%) | 14.06 | 25.00 | 10.94 | 6.25 | 43.75 | 100.00 |
| 竹林 | 种数(个) | 4 | | 1 | | | 5 |
| | 百分比(%) | 80.00 | | 20.00 | | | 100.00 |

从各个林分来看（表4-12），除竹林外，一年生植物在各林分中均占主要优势，占比在38%以上。落叶阔叶林和针叶林中地上芽植物占比较高，说明个体高大的草本植物较多，一定程度上抑制了灌木及更新层的生长。与落叶阔叶林和针叶林相比，常绿阔叶林和常绿落叶阔叶混交林中高位芽植物的占比较高，分别占比27.27%和27.03%。反映出落叶阔叶林和针叶林的林下环境相对干旱低温，常绿阔叶林和常绿落叶阔叶混交林的林下群落所处生境温凉潮湿，土壤水分状况良好，林内温度有所升高，林下群落的生境也较为优越。

常绿阔叶林、常绿落叶阔叶混交林、落叶阔叶林和针叶林群落灌木层（更新层）均以常绿落叶阔叶高位芽层片为优势层片，灌木层以乔木层的更新小苗为主等；竹林中以络石和毛竹为优势层片。不同群落的草本层物种较为丰富（除竹林外），一年生草本和地面芽植物层片为草本层的优势层片，地上芽和地下芽植物层片无明显优势。竹林较为特殊，草本层仅有地面芽植物1种。

3. 叶的特征

本书采用 Raunkiaer 分类标准统计叶的性质（表4-13）。

表 4-13　林下植被叶的性质

| 叶的性质 | 叶级 | | | | 叶型 | | 叶质 | | | | 叶缘 | |
|---|---|---|---|---|---|---|---|---|---|---|---|---|
| | Ma | Me | Mi | Na | Si | Co | 1 | 2 | 3 | 4 | + | − |
| 种数 | 4 | 21 | 65 | 20 | 94 | 16 | 9 | 83 | 14 | 4 | 50 | 60 |
| 百分比(%) | 3.64 | 19.09 | 59.09 | 18.18 | 85.45 | 14.55 | 8.18 | 75.45 | 12.73 | 3.64 | 45.45 | 54.55 |

注：Ma. 大型叶；Me. 中型叶；Mi. 小型叶；Na. 微型叶；Si. 单叶；Co. 复叶；1. 膜质；2. 草质；3. 革质；4. 肉质；+. 全缘；−. 非全缘。

（1）叶级。林下植被的叶级以小型叶为主，共 65 种，占比率为 59.09%，在各层占优势；中型叶次之，有 21 种，占 19.09%；微型叶 20 种，占 18.18%；大型叶 4 种，占 3.64%。叶级与气候带的相关性是形成这一现象的主要原因。群落中以小型叶为主，中型叶次之。小型叶是中亚热带常绿阔叶林的典型叶级，反映出该群落具有亚热带常绿性质，且具有一定的过渡性。

（2）叶型。该群落的叶型以单叶植物占绝对优势，有 94 种，占 85.45%；复叶植物，占 14.55%。各层都以单叶占优势，复叶较少。

（3）叶质。该群落草质叶具有优势，占 75.45%，革质叶次之，占 12.73%。群落中以草质叶为主，反映出该群落伴生植物具有的落叶特点；革质叶占有一定的比例，反映出群落中含有亚热带常绿物种。

（4）叶缘。该群落中的全缘叶植物有 50 种，非全缘叶有 60 种，分别占比 45.45% 和54.55%。

综上所述，林下群落的生活型和叶特征显示出该群落层次分明，外貌主要由小型草质叶、全缘、单叶的一年生植物所决定。

4．林下植被群落特征

（1）灌木层及更新层。由表 4-14 可见，整体上上海城市森林林下灌木树种多为营造林时人工种植的灌木树种（竹林除外），如海桐、黄杨、栀子、常春藤、蜡梅等，重要值较高，占有明显优势。相比之下，地带性灌木树种较少，如络石、野蔷薇、小蜡、小叶女贞、海州常山等，重要值不高，优势不明显。

从整体上看（表 4-14），上海城市森林中林下更新层主要以常绿阔叶林的乔木层树种的更新小苗为主，香樟和女贞在更新层中占明显的优势，重要值分别为 25.32% 和 12.49%。不同林分的更新层组成和重要值都不尽相同，但可以发现香樟和女贞在多种林分中占较明显的优势，如香樟在常绿阔叶林和常绿落叶阔叶混交林的更新层中占有较明显的优势，重要值都超过了 30%；女贞在针叶林更新层中有明显优势，重要值超过了 50%，在落叶阔叶林中重要值为 14.23%，排名第三。一方面说明在上海地区香樟和女贞具有较好的更新能力，

表 4-14　上海城市森林林下植被群落的重要值

| 层次 | 名称 | 重要值（%） | | | | | |
|---|---|---|---|---|---|---|---|
| | | 整体 | 常绿阔叶林 | 常绿落叶混交林 | 落叶阔叶林 | 针叶林 | 竹林 |
| 灌木层（含更新层） | 香樟 Cinnamomum camphora | 25.32 | 32.64 | 39.81 | 7.36 | 18.16 | |
| | 女贞 Ligustrum lucidum | 12.49 | 8.57 | 22.40 | 14.23 | 50.02 | |
| | 络石 Trachelospermum jasminoides | 11.62 | | | | | 70.80 |
| | 海桐 Pittosporum tobira | 8.77 | 14.33 | 2.35 | | | |
| | 栾树 Koelreuteria paniculata | 7.81 | 8.30 | 4.26 | 29.41 | | |
| | 构树 Broussonetia papyrifera | 6.81 | 6.68 | 10.20 | 12.23 | 9.41 | |
| | 杜英 Elaeocarpus decipiens | 5.38 | 9.07 | | | | |
| | 黄杨 Buxus sinica | 5.07 | 8.52 | | | | |
| | 栀子 Gardenia jasminoides | 1.86 | 3.12 | | | | |
| | 无患子 Sapindus mukorossi | 1.67 | | 2.68 | 17.25 | | |
| | 毛竹 Phyllostachys heterocycla | 1.49 | | | | | 13.55 |
| | 野蔷薇 Rosa multiflora | 1.44 | 1.36 | 6.74 | | | |
| | 小蜡 Ligustrum sinense | 1.11 | 0.49 | | | | 9.61 |
| | 小叶女贞 Ligustrum quihoui | 0.93 | 0.55 | 7.17 | | | |
| | 海州常山 Clerodendrum trichotomum | 0.85 | 0.98 | | | 3.13 | |
| | 常春藤 Hedera nepalensis | 0.63 | | | 7.78 | | |
| | 棕榈 Trachycarpus fortunei | 0.61 | 0.38 | | | 4.14 | |
| | 蜡梅 Chimonanthus praecox | 0.55 | 0.92 | | | | |
| | 蚊母树 Distylium racemosum | 0.55 | 0.92 | | | | |
| | 麻栎 Quercus acutissima | 0.49 | | | | | 6.04 |
| | 夹竹桃 Nerium indicum | 0.45 | 0.75 | | | | |
| | 胡颓子 Elaeagnus pungens | 0.40 | 0.66 | | | | |
| | 榆树 Ulmus pumila | 0.40 | | | 4.83 | | |
| | 乌桕 Sapium sebiferum | 0.39 | 0.63 | | | | |
| | 杨树 Populus tomeutosa | 0.39 | | 2.02 | | 2.07 | |
| | 火棘 Pyracantha fortuneana | 0.36 | | | | 4.71 | |
| | 珊瑚树 Viburnum odoratissimum | 0.33 | | | | 4.15 | |
| | 石楠 Photinia serrulata | 0.33 | | | | 4.22 | |
| | 八角金盘 Fatsia japonica | 0.29 | 0.49 | | | | |
| | 鸡爪槭 Acer Palmatum | 0.23 | | | 2.58 | | |
| | 朴树 Celtis sinensis | 0.23 | | 2.35 | | | |
| | 枸骨 Ilex cornuta | 0.19 | | | 2.16 | | |
| | 桂花 Osmanthus fragrans | 0.19 | 0.32 | | | | |
| | 合欢 Albizia julibrissin | 0.19 | 0.32 | | | | |
| | 榉树 Zelkova serrata | 0.19 | | | 2.16 | | |

（续）

| 层次 | 名称 | 重要值（%） | | | | | |
| --- | --- | --- | --- | --- | --- | --- | --- |
| | | 整体 | 常绿阔叶林 | 常绿落叶混交林 | 落叶阔叶林 | 针叶林 | 竹林 |
| 草本层 | 猪殃殃 *Galium aparine* var. *tenerum* | 14.24 | 14.30 | 12.38 | 15.61 | 14.70 | |
| | 乌蔹莓 *Cayratia japonica* | 6.87 | 12.04 | 7.89 | 4.79 | 3.56 | |
| | 一年蓬 *Erigeron annuus* | 6.63 | 7.39 | 1.70 | 4.96 | 7.75 | |
| | 刺果毛茛 *Ranunculus muricatus* | 6.47 | 3.52 | 1.11 | 11.04 | 3.74 | |
| | 菵草 *Beckmannia syzigachne* | 5.95 | 2.39 | 26.30 | | 5.03 | |
| | 蛇莓 *Duchesnea indica* | 5.38 | 5.30 | | 8.67 | 5.30 | |
| | 爵床 *Rostellularia procumbens* | 4.23 | 5.69 | 1.13 | 3.06 | 4.10 | |
| | 沿阶草 *Ophiopogon japonicus* | 3.88 | 1.11 | 3.61 | 1.65 | 7.39 | |
| | 广布野豌豆 *Vicia cracca* | 3.19 | 5.75 | 0.53 | 0.91 | 2.46 | |
| | 蒲公英 *Taraxacum mongolicum* | 2.64 | 1.99 | 2.63 | 0.80 | 4.05 | |
| | 加拿大一枝黄花 *Solidago canadensis* | 2.41 | 2.52 | 3.13 | 1.16 | 2.84 | |
| | 泽漆 *Euphorbia helioscopia* | 2.37 | 2.08 | 2.17 | 3.73 | 2.09 | |
| | 水花生 *Alternanthera philoxeroides* | 2.27 | 1.36 | 0.53 | 6.69 | 1.77 | |
| | 繁缕 *Stellaria media* | 2.18 | 1.54 | 2.97 | 1.12 | 3.17 | |
| | 求米草 *Oplismenus undulatifolius* | 2.12 | 0.72 | | 0.29 | 4.44 | |
| | 牛膝 *Achyranthes bidentata* | 2.10 | 1.87 | | 1.40 | 3.01 | |
| | 波斯婆婆纳 *Veronica persica* | 2.06 | 2.05 | 1.00 | 3.40 | 1.79 | |
| | 马唐 *Digitaria sanguinalis* | 1.90 | 2.95 | 1.42 | 1.81 | 1.20 | |
| | 酢浆草 *Oxalis corniculata* | 1.58 | 1.74 | 7.04 | | 1.00 | |
| | 碎米荠 *Cardamine hirsuta* | 1.39 | 0.80 | 0.49 | 2.26 | 1.70 | |
| | 水蓼 *Polygonum hydropiper* | 1.36 | 1.61 | 1.38 | 1.33 | 1.16 | |
| | 早熟禾 *Poa annus* | 1.31 | 0.39 | | | 2.88 | |
| | 野老鹳草 *Geranium carrolinianum* | 1.23 | 1.55 | | 1.19 | 1.16 | |
| | 簇生卷耳 *Cerastium fontanum* | 1.22 | 1.53 | 0.80 | 2.40 | 0.54 | |
| | 野胡萝卜 *Daucus carota* | 1.01 | 0.82 | | | 1.77 | |
| | 黄花酢浆草 *Oxalis pes-caprae* | 0.97 | 2.41 | | | 0.34 | |
| | 狗尾草 *Setaria viridis* | 0.96 | 2.16 | 0.51 | 0.38 | 0.28 | |
| | 黄鹌菜 *Youngia japonica* | 0.96 | 0.79 | 0.60 | 0.73 | 1.29 | |
| | 棒头草 *Polypogon fugax* | 0.95 | 0.58 | 7.51 | 1.25 | 0.25 | |
| | 鸡矢藤 *Paederia scandens* | 0.95 | 2.57 | | 0.42 | | |
| | 龙葵 *Solanum nigrum* | 0.68 | 0.64 | 6.00 | 0.34 | 0.19 | |
| | 荠菜 *Capsella bursa-pastoris* | 0.63 | 0.32 | | 1.36 | 0.75 | |
| | 葎草 *Humulus scandens* | 0.56 | 0.96 | | | 0.55 | |
| | 苜蓿 *Medicago polymorpha* | 0.55 | 1.13 | | 0.27 | 0.30 | |
| | 阔鳞鳞毛蕨 *Dryopteris championii* | 0.52 | | | | 1.27 | |

（续）

| 层次 | 名称 | 重要值（%） | | | | | |
|---|---|---|---|---|---|---|---|
| | | 整体 | 常绿阔叶林 | 常绿落叶混交林 | 落叶阔叶林 | 针叶林 | 竹林 |
| 草本层 | 通泉草 *Mazus japonicus* | 0.51 | 0.25 | | 0.15 | 0.99 | |
| | 艾蒿 *Artemisia argyi* | 0.48 | 0.08 | | 1.66 | 0.49 | |
| | 稗 *Echinochloa crusgalli* | 0.48 | 0.62 | 0.95 | | 0.50 | |
| | 铁苋菜 *Acalypha australis* | 0.47 | 0.53 | 1.76 | 0.50 | 0.24 | |
| | 活血丹 *Glechoma longituba* | 0.33 | | | 1.65 | 0.16 | |
| | 婆婆纳 *Veronica didyma* | 0.32 | 0.52 | | | 0.33 | |
| | 大吴风草 *Farfugium japonicum* | 0.30 | | | | 0.74 | |
| | 苦苣菜 *Sonchus oleraceus* | 0.25 | 0.15 | 2.57 | 0.23 | 0.08 | |
| | 牛繁缕 *Myosoton aquaticum* | 0.25 | 0.27 | | | 0.39 | |
| | 千金子 *Leptochloa chinensis* | 0.24 | 0.59 | | 0.21 | | |
| | 二月兰 *Orychophragmus violesens* | 0.23 | | | | 0.57 | |
| | 田旋花 *Convolvulus arvensis* | 0.21 | 0.39 | | 0.15 | 0.13 | |
| | 钻叶紫菀 *Aster subulatus* | 0.21 | 0.60 | | | | |
| | 珠芽景天 *Sedum bulbiferum* | 0.20 | | | 1.27 | | |
| | 小蓟 *Cirsium setosum* | 0.20 | 0.17 | | 0.20 | 0.27 | |
| | 醴肠 *Eclipta prostrata* | 0.15 | 0.11 | 1.89 | | | |
| | 小根蒜 *Allium macrostemon* | 0.13 | | | 0.48 | 0.11 | |
| | 灰绿藜 *Chenopodium album* | 0.11 | | | | 0.28 | |
| | 看麦娘 *Alopecurus aequalis* | 0.11 | 0.21 | | 0.21 | | |
| | 中华鳞毛蕨 *Dryopteris chinensis* | 0.10 | | | | | 100.00 |
| | 金色狗尾草 *Setaria glauca* | 0.10 | | | 0.58 | | |
| | 马齿苋 *Portulaca oleracea* | 0.09 | | | | 0.23 | |
| | 萝藦 *Metaplexis japonica* | 0.09 | 0.09 | | 0.33 | | |
| | 红花酢浆草 *Oxalis corymbosa* | 0.08 | | | | 0.21 | |
| | 山莴苣 *Lagedium sibiricum* | 0.08 | 0.13 | | | 0.09 | |
| | 地锦 *Euphorbia humifusa* | 0.06 | 0.18 | | | | |
| | 牛筋草 *Eleusine indica* | 0.06 | 0.09 | | | 0.08 | |
| | 窃衣 *Torilis scabra* | 0.05 | | | | 0.08 | |
| | 紫花地丁 *Viola philippica* | 0.04 | 0.12 | | | | |
| | 车前草 *Plantago asiatica* | 0.04 | | | 0.25 | | |
| | 豚草 *Ambrosia artemisiifolia* | 0.04 | | | | 0.09 | |
| | 藨草 *Scirpua karuizawensis* | 0.03 | | | 0.21 | | |
| | 丛枝蓼 *Polygonum posumbu* | 0.03 | | | | 0.08 | |
| | 油菜花 *Brassica campestris* | 0.03 | | | 0.19 | | |
| | 凹头苋 *Amaranthus lividus* | 0.03 | 0.08 | | | | |

（续）

| 层次 | 名称 | 重要值（%） | | | | | |
|---|---|---|---|---|---|---|---|
| | | 整体 | 常绿阔叶林 | 常绿落叶混交林 | 落叶阔叶林 | 针叶林 | 竹林 |
| 草本层 | 鼠麴草 *Gnaphalium affine* | 0.03 | 0.08 | | | | |
| | 天名精 *Carpesium abrotanoldes* | 0.03 | | | | 0.07 | |
| | 白三叶 *Trifolium repens* | 0.03 | 0.07 | | | | |
| | 苘麻 *Abutilon theophrasti* | 0.03 | | | 8.71 | | |
| | 风轮菜 *Clinopodium chinense* | 0.03 | 0.07 | | | | |

其更新小苗除在自身的林分中占有优势外，也已经扩散到落叶阔叶林和针叶林中。另一方面也反映出香樟和女贞在上海营造林中使用的比例较高，在整个城市森林中占有较为重要的地位。落叶阔叶林中以栾树和无患子的更新苗为主，重要值分别为29.41%和17.25%。在针叶林中未发现针叶树种更新的小苗，更新层中主要是以女贞、香樟、构树等阔叶树种小苗为主，针叶树种更新困难。

（2）草本层。从调查的结果可见（表4-14），上海城市森林林下草本层的种类比较丰富，样方中共统计到草本植物75种。多数为田间杂草，与上海地区多以农用土地造林有密切关系。猪殃殃、春一年蓬、刺果毛茛和苘草等一年生草本在草本层占较为明显的优势，且草本层中一年生草本种类多达38种，占比超过50%。说明上海城市森林中林下地面土层较为干旱，尤其在造林初期，乔木层郁闭度不高，地表土壤水分不易保持，被生长周期较短的一年生草本占据。另外，加拿大一枝黄花和水花生等入侵植物在林下草本层中也占有一定的优势，林地养护期间应加强对其的控制。

不同林分的林下草本层组成不尽相同，常绿阔叶林和针叶林中有56种，落叶阔叶林中有45种，常绿落叶混交林中有27种，竹林中仅有1种。在常绿阔叶林、常绿落叶混交林、落叶阔叶林和针叶林草本层中猪殃殃均占较明显的优势地位，且重要值排名靠前的以一年生草本植物为主。常绿落叶混交林草本层植物较少，竹林草本层植物最少，仅存在一种蕨类植物，这与佘山地区天然次生毛竹林，郁闭度较大，林下透光性较差有关。

**5. 林下植被群落多样性**

（1）不同林分林下植物多样性的比较。根据样方数据，计算不同林分林下植被多样性数量指标。由表4-15可以看出，不同林分林下植被的丰富度和多样性指数从大到小表现为常绿阔叶林＞针叶林＞落叶阔叶林＞常绿落叶混交林＞竹林，常绿阔叶林和针叶林林下植被丰富度和多样性指数较高，说明该群落中林下生境较为优越，林下植被恢复和保护较好。相比之下，竹林丰富度和多样性指数偏低，林下植被生长不佳。

群落均匀度指数表现为常绿阔叶林＞常绿落叶混交林＞针叶林＞落叶阔叶林＞竹林，

表4-15　不同林分林下植被多样性指数

| 林分类型 | 丰富度 | Simpson 多样性指数 | Shannon Wiener 多样性指数 | 均匀度指数 |
|---|---|---|---|---|
| 常绿阔叶林 | 77 | 0.9526 | 3.5375 | 0.8144 |
| 常绿落叶混交林 | 37 | 0.9099 | 2.9368 | 0.8133 |
| 落叶阔叶林 | 55 | 0.9373 | 3.2348 | 0.8072 |
| 针叶林 | 65 | 0.9485 | 3.3933 | 0.8129 |
| 竹林 | 5 | 0.6023 | 1.1563 | 0.7185 |

说明常绿阔叶林和常绿落叶混交林的林下植被分布均匀，竹林分布最不均匀。以均匀度来考虑多样性与群落稳定性的关系时，群落的均匀度指数越高、各层次相互的差异越不显著，说明群落的稳定性越高，从演替动态的角度来看其稳定性就越高（高贤明等，2001）。常绿落叶混交林的林下植被多样性虽不高，但均匀度指数与常绿阔叶林差异不显著。因此，从这点来说，其林下群落具有较好的稳定性。竹林的多样性和均匀度指数均较低，林下群落的稳定性也较差。

（2）不同林龄林下植被多样性的比较。由表4-16可以看出，不同林龄林下植被的丰富度和多样性指数从大到小表现为中龄林＞幼龄林＞近熟林＞成熟林＞过熟林，中、幼龄林的林下植被丰富度和多样性指数较高，说明上海中幼龄林林下生境较为优越，林下植被生长较好，主要表现草本植物较多。相比之下，过熟林丰富度和多样性指数偏低，林下植被生长不佳。

群落均匀度指数表现为近熟林＞成熟林＞幼龄林＞中龄林＞过熟林，说明近熟林和成熟林林下植被分布均匀，其林下群落具有较好的稳定性。中、幼龄林虽有较高的多样性指数，但从群落的稳定上不如近成熟林，说明应加强对中、幼龄林的抚育工作。过熟林具有较低的均匀度指数，说明其林下群落的稳定性最差，也要加强经营管理。

表4-16　不同林龄林下植被多样性指数

| 林龄 | 丰富度 | Simpson 多样性指数 | Shannon Wiener 多样性指数 | 均匀度指数 |
|---|---|---|---|---|
| 幼龄林 | 69 | 0.9406 | 3.3789 | 0.7980 |
| 中龄林 | 72 | 0.9440 | 3.3967 | 0.7942 |
| 近熟林 | 43 | 0.9436 | 3.2463 | 0.8631 |
| 成熟林 | 38 | 0.9415 | 3.1214 | 0.8581 |
| 过熟林 | 14 | 0.7310 | 1.8267 | 0.6922 |

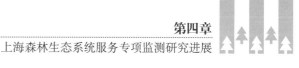
（3）不同年份林下植被多样性的比较。从时间上看（表4-17），不同年份林下植被的丰富度和多样性指数从大到小表现为2013 > 2015 > 2014，整个城市森林的林下植被多样性随时间推移有一个消长的过程。总体多样性指数略有下降，物种水平基本持平。说明在较短的时间内，林下植被的变化不大。种类的消长可能与林下植被多以一年生草本有关，导致种类数量受年度气候变化影响较大。从群落均匀度指数表现看，有从高到低再升高的过程，说明整体林下群落的稳定性趋于变好。

**表4-17　不同年份林下植被多样性指数**

| 年份 | 丰富度 | Simpson多样性指数 | Shannon Wiener多样性指数 | 均匀度指数 |
|------|--------|------------------|--------------------------|-----------|
| 2013 | 110 | 0.9701 | 4.0597 | 0.8637 |
| 2014 | 98 | 0.9382 | 3.4256 | 0.7471 |
| 2015 | 99 | 0.9618 | 3.7711 | 0.8189 |

### 四、结论与讨论

#### 1. 上海城市森林的林下植被群落特征及成因

上海城市森林的林下植被，以草本植物占多数，种类比较丰富。灌木层中多为人工种植的灌木，地带性的灌木树种相对比较缺乏，仅有5种。更新层中以常绿阔叶林的乔木层树种为主，如香樟、女贞，相比之下，针叶树种的更新较为困难。草本层中一年生草本植物占有优势，禾本科和菊科的草本植物为典型代表。究其成因，主要是上海地区造林大多使用农用地，草本层中植物组成以田间杂草为主，为造林后农田中逐步扩散到群落内形成（彭志等，2013）。灌木树种相对比较缺乏，对草本层起不到抑制作用，致使草本植物生长迅速，在林下占明显优势。另外，一年生草本植物较多反映了林下水土保持能力较差，表现为地表土壤较干旱，适合生长周期较短的一年生植物生长。

#### 2. 上海城市森林的林下植被多样性的特点

从多样性指数上看，上海城市森林的林下植被多样性指数以常绿阔叶林的近熟林为最高，且林下植被分布比较均匀，群落结构相比其他林分更为稳定。竹林的林下植被的多样性和均匀度指数均为最低，林下群落结构最不稳定。属本地区地带性森林群落常绿落叶混交林的多样性指数偏低，说明上海地区人工营造的常绿落叶混交林树种搭配不佳，群落结构不合理，直接反映林下植被多样性较低。另外，中、幼龄林的均匀度指数偏低，说明该两种林龄的林分林下植被分布不均，稳定性较差，应加强对其抚育。从时间上看，整个林下植被的组成发生了一定程度的消长，一方面与林下植被的组成有关，另一方面也可能和人为的干扰有关。

3. 对营造林及经营管理的指导意义

鉴于林下植被主要被草本植物占据的情况，杂草控制是林地养护管理中较重要的工作，尤其在造林之初，林分郁闭度不大，一些恶性杂草在林地内生长迅速，缺乏管理将直接影响林木生长和造林成活率。另一方面，应对林下的灌木植物进行培育和保护，在造林时提倡选择地带性的灌木树种，如在本次调查中出现的络石、野蔷薇、小蜡、小叶女贞、海州常山等灌木树种。中幼龄林的均匀度指数偏低，反映了其林下群落结构具有不稳定性。应从实际情况入手，加强对中幼龄林的抚育，抚育的强度可以参考植被多样性和均匀度指数较高的常绿阔叶近成熟林的林分密度。考虑到本地区针叶林的林下针叶树种更新困难，及过熟林地多样性指数较低和稳定性较差的情况，针对本市针叶林的过熟林，应深入开展有关可持续经营方面的研究。

## 第五节　上海生态公益林抚育成效监测研究进展

### 一、研究目的

上海林业虽然出现了跨越发展，但是相应的森林抚育工作开展滞后，加上造林时初植密度较高，林分普遍郁闭度过高、生长势弱，生态功能不强，生态效益未能充分发挥。在上海森林面积持续增加的基础上，如何科学开展森林抚育，提高森林质量，需要对林分的不同抚育方式及抚育进行长期的研究和评估。

上海市近年来致力于黄浦江水源涵养林的积极建设，至 2014 年水源涵养林已达到 17.2 万亩。但由于造林密度大、树种单一、结构简单等问题，导致树种生长不良，功能低下，影响水源涵养林生态功能的发挥。

抚育间伐是常见的森林干扰类型，可以通过改变林分的密度、结构，影响林分的生长发育和演替方向（毛志宏和朱教君，2006）。前人关于森林抚育的研究偏重于用材林，对于城市远郊以生态防护为主要经营目的的生态公益林的抚育间伐研究较少，因而人工林抚育间伐技术多沿用传统的用材林的经营管理模式。本书针对上海市水源涵养林的典型林分类型，采用不同强度的间伐方式，通过建立固定样地，进行长期抚育成效监测，探讨抚育间伐对林分及其林下植物多样性的影响，为研究确定适合上海市水源涵养林等不同林分类型的间伐强度及全面发挥上海市水源涵养林的生态功能提供参考。

### 二、研究方法

#### 1. 试验地概况

本书选取上海市奉贤区邬桥段和松江区叶榭段的黄浦江水源涵养林。邬桥段黄浦江水源涵养林位于奉贤区西北角的庄行镇浦秀村（30°58′～31°01′N，121°21′～121°28′E），区域呈狭长带状，在黄浦江的上游，北与黄浦江相连，西邻南沙港，南至北横路，东靠竹港，林带营造时间为 2003～2004 年，区域周边主要树种为栾树、杨柳、杂交杨、紫叶李、云南黄素馨、瓜子黄杨。叶榭段黄浦江水源涵养林东起千步泾，西至塘口，全长 12.6 千米，造林总面积 207.6 公顷，造林时间为 2003～2004 年，主要造林树种有香樟、栾树、杜英、三角枫、女贞、喜树等。

**2. 样地设置方法**

2009 年 12 月在奉贤区和松江区的黄浦江上游河段的人工水源涵养林设置规格为 20 米 × 20 米的固定样地 12 个，分 3 种林分类型，每种林分类型均设置 4 个固定样地。抚育样地间伐梯度设置情况见表 4-18。

表 4-18　试验样地间伐强度设置情况

| 样地位置 | 奉贤区庄行镇浦秀村 | | 松江区叶榭镇5标段 |
|---|---|---|---|
| 类分类型 | 杜英纯林 | 香樟重阳木混交林 | 多树种混交林 |
| 间伐强度 | CK（对照） | CK（对照） | CK（对照） |
| | T1（35%） | T4（20%） | T7（20%） |
| | T2（50%） | T5（30%） | T8（30%） |
| | T3（65%） | T6（40%） | T9（40%） |

注：多树种混交林为栾树、香樟、杜英混交林，并伴有喜树、广玉兰、女贞等树种。

**3. 调查和计算方法**

为了保证研究的科学性和系统性，每年均使用相同方法对林分进行每木检尺、林下植被多样性调查。

林分生长调查：抚育前（2009 年）和抚育后（2011 和 2013 年）3 次对样地内的乔木进行每木检尺，测量出各样地内单木树高、胸径等指标。

植物多样性调查：样地 4 角设置 4 个灌木样方(2 米 ×2 米)、4 个草本样方(1 米 ×1 米)，详细记录每个样方内灌木和草本的种数、个体数、高度、盖度。

生物多样性指标选用了 Simpson 多样性指数（$D$）和 Shannon-Wiener 多样性指数（$H'$）2 个指标，计算方法见文献（马克平等，1995；章文佳等，2015）。

**三、结果与分析**

抚育间伐对林分生长的研究主要集中在不同抚育强度对胸径、树高、蓄积与林分生产力的影响；不同的抚育措施会对林分生产力造成不同影响，这是由于各研究中树种、林分条件、间伐方式等方面存在差异，导致所得结论也不相同。

1. 不同抚育强度对林分生长的影响

(1) 不同抚育强度对林分胸径生长的影响。间伐对林分生长的影响，首先反映在林分密度上，而林分密度的效应直接作用于胸径（童书振等，2000；孙祥水，2008）。本书中不同抚育强度对不同林分胸径生长影响情况见表4-19。由表4-19可以看出，间伐2年后不同强度间伐对林分胸径生长的影响差异不明显。间伐4年后各林分间伐样地的胸径生长量和生长率均大于对照，说明了抚育区相对于对照区林分胸径生长明显加快。原因在于林分经过间伐后，林内光照增强，保留木生长空间增大，个体间对土壤肥力和空间资源的争夺减弱。

但不同强度间伐对不同林分胸径生长的影响不同：杜英纯林间伐4年后胸径生长量大小依次为：T3 > T2 > T1 > CK，显著呈现随间伐强度增加而增加的趋势。杜英纯林T3样地经抚育后4年内生长量达3.18厘米，比对照区高出55.88%，4年生长量和生长率明显大于对照，胸径生长情况最好。香樟重阳木混交林间伐4年后胸径生长率大小依次为：T5 > T4 > T6 > CK；多树种混交林间伐4年后胸径生长率大小依次为：T8 > T7 > T9 > CK。间伐4年后这2种林分生长规律一致，均表现为胸径生长率先随间伐强度的增大而增加，当间伐强度达到一定值后又开始降低。香樟重阳木混交林中T5样地经抚育后4年内生长量达3.02厘米，比对照区高出18.43%；多树种混交林中T8样地经抚育后4年内生长量达3.63

表4-19　不同强度间伐下林木胸径生长状况

| 林分类型 | 处理 | 胸径（厘米） | | | 2年生长量（厘米） | 2年生长率（%） | 4年生长量（厘米） | 4年生长率（%） |
| --- | --- | --- | --- | --- | --- | --- | --- | --- |
| | | 2009 | 2011 | 2013 | | | | |
| 杜英纯林 | CK | 10.21 | 10.99 | 12.25 | 0.78 | 7.64 | 2.04 | 19.98 |
| | T1 | 11.06 | 11.82 | 13.56 | 0.76 | 6.87 | 2.50 | 22.60 |
| | T2 | 11.21 | 11.97 | 13.92 | 0.76 | 6.78 | 2.71 | 24.17 |
| | T3 | 11.63 | 12.45 | 14.81 | 0.82 | 7.05 | 3.18 | 27.34 |
| 香樟+重阳木混交林 | CK | 10.68 | 11.63 | 13.18 | 0.95 | 8.90 | 2.55 | 23.88 |
| | T4 | 10.04 | 11.07 | 12.53 | 1.03 | 10.26 | 2.82 | 28.09 |
| | T5 | 9.85 | 10.98 | 12.87 | 1.13 | 11.47 | 3.02 | 30.66 |
| | T6 | 11.64 | 12.76 | 14.66 | 1.12 | 9.62 | 3.02 | 25.95 |
| 多树种混交林 | CK | 9.25 | 10.75 | 12.06 | 1.50 | 16.22 | 2.81 | 30.38 |
| | T7 | 9.96 | 11.74 | 13.45 | 1.78 | 17.87 | 3.49 | 35.04 |
| | T8 | 10.07 | 12.13 | 13.70 | 2.06 | 20.46 | 3.63 | 36.05 |
| | T9 | 9.97 | 11.67 | 13.16 | 1.70 | 17.05 | 3.19 | 32.00 |

厘米，比对照区高出 29.18%。这 2 种林分间伐 4 年生长量和生长率显著大于对照，30% 的强度间伐下的胸径生长情况最好。

（2）不同抚育强度对林分树高生长的影响。本书中不同强度间伐下林木树高生长状况见表 4-20。由表 4-20 可以看出，间伐 2 年后不同强度间伐对林分树高生长的影响差异不明显。间伐 4 年后间伐样地的树高生长量基本上都大于对照，可见，抚育间伐能促进林分树高增长。

但不同强度间伐对 3 种林分树高生长的影响不同：杜英纯林间伐 4 年后的树高生长量大小依次为：T3 > T2 > CK > T1，表现为随着间伐强度的增加先减少再增加。在香樟和重阳木混交林中，间伐 4 年后树高生长量为：T5 > T6 > T4 > CK，T5 间伐强度最有利于树高增长。多树种混交林间伐 4 年树高生长量为：T7 > T8 > T9 > CK，表现为随着间伐强度的增大先增加再减少。

综合分析可知，抚育间伐能够不同程度地促进林分生长，但不同强度间伐的林分之间差异不明显，这可能由于抚育时间较短，抚育强度对林分生长的影响还不明显。不同的林分应该采用不同的间伐强度。就本书而言，杜英纯林、香樟重阳木混交林和多树种混交林分别采用 65%（T3）、30%（T5）和 30%（T8）的间伐强度最有利于林木生长。

表 4-20　不同强度间伐下林木树高生长状况

| 林分类型 | 处理 | 树高（米） | | | 2年生长量（米） | 2年生长率（%） | 4年生长量（米） | 4年生长率（%） |
| --- | --- | --- | --- | --- | --- | --- | --- | --- |
| | | 2009 | 2011 | 2013 | | | | |
| 杜英纯林 | CK | 6.45 | 7.16 | 7.81 | 0.71 | 11.01 | 1.36 | 21.09 |
| | T1 | 6.80 | 7.60 | 7.86 | 0.80 | 11.76 | 1.06 | 15.59 |
| | T2 | 6.51 | 7.18 | 8.00 | 0.67 | 10.29 | 1.49 | 22.89 |
| | T3 | 6.70 | 7.33 | 8.25 | 0.63 | 9.40 | 1.55 | 23.13 |
| 香樟+重阳木混交林 | CK | 8.13 | 8.84 | 9.54 | 0.71 | 8.73 | 1.41 | 17.34 |
| | T4 | 7.20 | 7.92 | 8.51 | 0.72 | 10.00 | 1.31 | 18.19 |
| | T5 | 7.30 | 8.19 | 8.89 | 0.89 | 12.19 | 1.59 | 21.78 |
| | T6 | 9.38 | 10.21 | 10.86 | 0.83 | 8.85 | 1.48 | 15.78 |
| 多树种混交林 | CK | 7.43 | 8.53 | 9.73 | 1.10 | 14.80 | 2.30 | 30.96 |
| | T7 | 6.15 | 7.61 | 8.73 | 1.46 | 23.74 | 2.58 | 41.95 |
| | T8 | 6.65 | 8.13 | 9.14 | 1.48 | 22.26 | 2.49 | 37.44 |
| | T9 | 6.20 | 7.33 | 8.53 | 1.13 | 18.23 | 2.33 | 37.58 |

### 2．不同抚育强度对林下植被生长的影响

（1）不同抚育强度对林下植物种类的影响。从表 4-21 中可以看出，经抚育后，林下植被种类总体呈下降的趋势，说明抚育间伐处理随着时间的推移没有促进林下植被的生长。人工干扰后不同强度间伐之间灌木层及更新层种类差异不明显。原因可能是干扰时间短，间伐对灌木层及更新层的影响还尚未显现。而草本层个别处理中有林下植物种类先增加再减少的现象，也说明了间伐初期由于林分冠层透光条件的改善，一定程度上促进了下层植被的生长，随着冠层的再次郁闭，重新抑制下层植被的生长。

（2）不同抚育强度对林下植物多样性的影响。黄浦江水源涵养林的林下灌木及更新主要以乔木更新幼苗为主，该层多样性指数未发现抚育间伐对更新有促进作用。从时间上看，有多样性指数先升高后降低的现象，这与林下植物种类变化的表现一致。

抚育间伐对林下植物多样性的影响，在不同的林分中表现不同，同一林分不同间伐处理之间的表现也不同（表 4-22 和表 4-23）。抚育间伐处理后，在杜英纯林中林下草本层的 Simpson 和 Shannon-Wiener 多样性指数均随时间推移呈逐步下降的趋势。通过计算 2 个指数下降幅度依次为：T3 < T1 < T2 < CK，对照样地林下草本多样性下降幅度最大，而强度间伐下下降幅度最小。可见，T3 强度间伐下最有利于林下草本植物多样性。

### 表 4-21　不同强度间伐林下植物种类分布情况

| 林分类型 | 处理 | 植物种类 | | | 灌木及更新层 | | | 草本层 | | |
|---|---|---|---|---|---|---|---|---|---|---|
| | | 2009 | 2011 | 2013 | 2009 | 2011 | 2013 | 2009 | 2011 | 2013 |
| 杜英纯林 | CK | 16 | 18 | 8 | 6 | 6 | 4 | 10 | 12 | 3 |
| | T1 | 26 | 23 | 13 | 5 | 8 | 4 | 21 | 15 | 9 |
| | T2 | 27 | 21 | 18 | 5 | 4 | 4 | 22 | 17 | 15 |
| | T3 | 31 | 23 | 20 | 6 | 5 | 4 | 25 | 18 | 17 |
| 香樟+重阳木混交林 | CK | 13 | 18 | 14 | 3 | 6 | 5 | 10 | 12 | 9 |
| | T4 | 19 | 27 | 14 | 4 | 7 | 3 | 15 | 20 | 11 |
| | T5 | 16 | 18 | 13 | 3 | 5 | 3 | 13 | 13 | 10 |
| | T6 | 32 | 17 | 12 | 6 | 5 | 2 | 26 | 12 | 10 |
| 多树种混交林 | CK | 22 | 15 | 15 | 9 | 5 | 6 | 13 | 10 | 9 |
| | T7 | 21 | 32 | 8 | 6 | 11 | 4 | 15 | 21 | 4 |
| | T8 | 24 | 21 | 10 | 5 | 6 | 4 | 19 | 15 | 6 |
| | T9 | 26 | 22 | 13 | 8 | 6 | 6 | 18 | 16 | 7 |

表 4-22　不同强度间伐林下灌木及更新层多样性指数

| 林分类型 | 处理 | 2009 | | 2011 | | 2013 | |
|---|---|---|---|---|---|---|---|
| | | D | H' | D | H' | D | H' |
| 杜英纯林 | CK | 0.562 | 1.416 | 0.527 | 1.224 | 0.527 | 0.872 |
| | T1 | 0.563 | 1.368 | 0.676 | 2.076 | 0.549 | 1.021 |
| | T2 | 0.505 | 1.277 | 0.304 | 0.913 | 0.514 | 0.983 |
| | T3 | 0.505 | 1.511 | 0.341 | 1.007 | 0.306 | 0.643 |
| 香樟+重阳木混交林 | CK | 0.271 | 0.741 | 0.324 | 0.914 | 0.528 | 1.585 |
| | T4 | 0.369 | 0.983 | 0.477 | 1.433 | 0.449 | 1.149 |
| | T5 | 0.208 | 0.591 | 0.478 | 1.259 | 0.500 | 1.198 |
| | T6 | 0.484 | 1.461 | 0.559 | 1.491 | 0.320 | 0.722 |
| 多树种混交林 | CK | 0.519 | 1.236 | 0.487 | 0.970 | 0.771 | 1.594 |
| | T7 | 0.687 | 1.417 | 0.742 | 1.700 | 0.647 | 1.171 |
| | T8 | 0.664 | 1.313 | 0.742 | 1.514 | 0.665 | 1.215 |
| | T9 | 0.540 | 1.237 | 0.671 | 1.319 | 0.666 | 1.271 |

表 4-23　不同强度间伐林下草本层多样性指数

| 林分类型 | 处理 | 2009 | | 2011 | | 2013 | |
|---|---|---|---|---|---|---|---|
| | | D | H' | D | H' | D | H' |
| 杜英纯林 | CK | 0.779 | 1.768 | 0.681 | 1.529 | 0.377 | 0.853 |
| | T1 | 0.881 | 2.405 | 0.826 | 2.052 | 0.794 | 1.802 |
| | T2 | 0.874 | 2.340 | 0.855 | 2.117 | 0.665 | 1.592 |
| | T3 | 0.850 | 2.330 | 0.815 | 2.064 | 0.773 | 1.943 |
| 香樟+重阳木混交林 | CK | 0.761 | 1.712 | 0.819 | 1.973 | 0.727 | 1.549 |
| | T4 | 0.802 | 1.915 | 0.835 | 2.156 | 0.824 | 1.911 |
| | T5 | 0.755 | 1.733 | 0.735 | 1.609 | 0.809 | 1.869 |
| | T6 | 0.866 | 2.400 | 0.532 | 1.769 | 0.710 | 1.566 |
| 多树种混交林 | CK | 0.857 | 2.159 | 0.689 | 1.632 | 0.812 | 1.872 |
| | T7 | 0.881 | 2.372 | 0.813 | 2.353 | 0.744 | 1.375 |
| | T8 | 0.856 | 2.394 | 0.838 | 2.221 | 0.777 | 1.629 |
| | T9 | 0.892 | 2.530 | 0.809 | 2.101 | 0.813 | 1.789 |

在香樟重阳木混交林中林下草本层的 Simpson 和 Shannon-Wiener 多样性指数表现为：CK 和 T4 都是先增大后降低。T5 和 T6 呈现先降低后增加的趋势。2013 年 T4 和 T5 间伐样地的多样性指数均高于 2009 年的数值；而 CK 和 T6 间伐样地多样性指数均低于对照。这表明 T4 和 T5 强度间伐下促进了林下草本的多样性，而对照和 T6 强度间伐下林下植物多样性均降低。通过计算 2 个指数下降幅度依次为：T5 < T4 < CK < T6；T4 < T5 < CK < T6。可见，T5 强度间伐下最有利于林下草本植物多样性。

在多树种混交林中 T7 和 T8 也随时间推移呈逐步下降的趋势，CK 和 T9 多样性指数虽然降低后又增大，但是 2013 年的多样性指数全部低于对照。通过计算 Simpson 和 Shannon-Wiener 指数下降幅度依次为：CK < T8=T9 < T7，CK < T9 < T8 < T7。可见，对照样地最有利于林下草本植物多样性。可能是间伐后，上层乔木生长得到促进，乔木层迅速恢复并占领上层空间，最终对主要以田间杂草为主的草木层起到抑制作用。

## 四、结论与讨论

通过对不同强度间伐下的水源涵养林林分生长及林下植物多样性的研究可以得出以下结论：

（1）上海市水源涵养林普遍存在郁闭度过高、生长势弱，生态功能不高等问题，进行抚育间伐能够有效地促进水源涵养林林分生长、增加林下植物多样性，从而达到提高林分生产力、维持森林生态系统稳定的目的。

（2）不同的林分应该采用不同的间伐强度。本书中，杜英纯林宜采用 65%（T3）的间伐强度；香樟重阳木混交林采用 30%（T5）的间伐强度；多树种混交林采用 30%（T8）的间伐强度。

（3）抚育间伐能够不同程度地促进林分生长，但不同强度间伐的林分之间差异不明显，这可能由于抚育时间较短，抚育强度对林分生长的影响还不明显。

（4）人工干扰后不同强度间伐之间灌木与更新层种类差异不明显，原因可能是干扰时间尚短，间伐对木本植物天然更新的促进作用尚没有发挥。但本书中林下草本层随时间推进，有多样性指数总体逐渐下降的趋势。分析原因可能是间伐后，上层乔木生长得到促进，乔木层迅速恢复并占领上层空间，最终对以田间杂草为主的草木层起到抑制作用。

（5）相对较大的间伐强度在短期内有利于水源涵养林林木的生长。但是抚育间伐后林分生长和林下植被多样性变化是一个动态过程，需要系统地对水源涵养林生长及其林下植被多样性的影响进行研究，才能得到更加科学可靠的结论。

## 第六节 上海共青国家森林公园森林生态系统服务功能评价

### 一、研究目的

本书以《森林生态系统服务功能评估规范》（LY/T 1721—2008）为依据，参考国家森林生态系统野外科学观测研究站长期、连续的大量观测研究基础数据和相关研究成果及资料，根据 2015 年上海市森林资源一体化监测数据，综合运用生态学、经济学理论方法，通过定量地分析，评估上海共青国家森林公园森林生态系统主要服务功能的物质量和价值量。该项评估的主要目的有以下几个方面：

（1）将规范的评估方法和上海本地的观测数据相结合，反映上海城市森林生态系统服务的价值；

（2）评估方法和结果能够反映目前上海市林业建设的现状、前景和急待解决的问题；

（3）通过评估，促进上海绿地公园和林业规划，为上海公园的森林生态系统服务功能提升提供科学依据；

（4）评估结果可为上海市实施森林生态效益补偿的定量化提供理论基础，提高各级政府、企业和居民造林和护林的积极性。

### 二、研究方法

利用模拟市场技术及替代市场技术，本书将具体对上海共青国家森林公园的森林涵养水源、保育土壤、固碳释氧、林木积累营养物质、净化大气环境、生物多样性保护和森林游憩 7 个方面 12 个指标分别做出评估并货币化。

森林生态系统服务通常可划分为提供产品、调节、文化和支持 4 类功能，但在本次评估中，根据数据指标的可获得性与可靠性，仅限于森林生态系统的生态功能和社会效益价值评估研究，不涉及林木资源经济价值及林副产品和林地自身价值的评估（图 4-15）。

### 三、结果与分析

#### 1. 物质量

2015 年上海共青国家森林公园主要生态服务功能的物质量中，涵养水源量 $7.31 \times 10^4$ 立方米／年；固土量 2303.92 吨／年，保肥量 40.01 吨／年；固碳量 497.24 吨／年，释氧量 1190.68 吨／年；营养物质积累量 17.44 吨／年，其中固氮量 2.60 吨／年，固磷量 4.57 吨／年，固钾量 10.26 吨／年；净化大气环境功能中，生产负离子 $6.68 \times 10^{21}$ 个／年，滞纳 TSP 量 2.25 吨／年，其中滞纳 $PM_{10}$ 量 1.18 吨／年，滞纳 $PM_{2.5}$ 量 0.28 吨／年，吸收 $SO_2$ 量 11.60 吨／年，吸收 HF 量 0.81 吨／年，吸收 $NO_X$ 量 0.49 吨／年（表 4-24）。

（1）涵养水源。森林涵养水源功能主要是指森林对降水的截留、吸收和贮存，将地表水转为地表径流或地下水的作用，包括调节水量和净化水质。从计算结果看，上海共青国家森林公园调节水量最高的优势树种组为针阔混交林，物质量为5.74万吨／年，占到总量的78.46%；最低的优势树种组为杉类，物质量为0.24万吨／年，仅占到总量的3.27%。

（2）保育土壤。森林保育土壤功能主要是指森林凭借庞大的树冠、深厚的枯枝落叶层及强壮且成网络的根系截留大气降水，减少或避免雨滴对土壤表层的直接冲击，有效地固持土体，降低了地表径流对土壤冲蚀，使土壤流失量大大降低。而且森林的生长发育及其代谢产物不断对土壤产生物理及化学影响，参与土体内部的能量转换与物质循环，使土壤肥力提高，森林是土壤养分的主要来源之一。从计算结果看，上海共青国家森林公园固土量最高的优势树种组为针阔混交林，物质量为1815.13吨／年，占到总量的78.78%；最低的优势树种组为硬阔类，物质量为70.52吨／年，占总量的3.06%。上海共青国家森林公园保肥量最高的优势树种组为阔叶混交林，物质量为31.80吨／年，占到总量的79.49%；最低的优势树种组为硬阔类，物质量为1.02吨／年，占总量的2.55%。

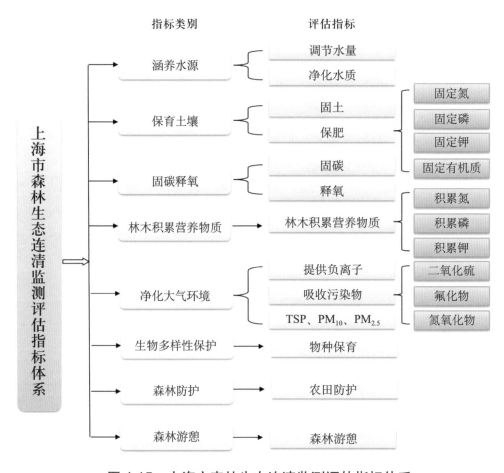

**图 4-15　上海市森林生态连清监测评估指标体系**

表4-24　上海共青国家森林公园森林生态系统服务物质量评估结果

| 功能项＼优势树种组 | | 杉类 | 硬阔类 | 阔叶混交林 | 针阔混交林 | 合计 |
|---|---|---|---|---|---|---|
| 涵养水源 | 调节水量（立方米/年） | $2.39 \times 10^3$ | $8.12 \times 10^3$ | $5.25 \times 10^3$ | $5.74 \times 10^4$ | $7.31 \times 10^4$ |
| 保育土壤 | 固土（吨/年） | 283.78 | 70.52 | 134.50 | 1815.12 | 2303.92 |
| | 保肥（吨/年） | 4.83 | 1.02 | 2.36 | 31.80 | 40.01 |
| 固碳释氧 | 固碳（吨/年） | 98.51 | 9.91 | 55.09 | 333.73 | 497.24 |
| | 释氧（吨/年） | 241.67 | 23.59 | 141.52 | 783.9 | 1190.68 |
| 林木积累营养物质 | N（吨/年） | 0.66 | 0.04 | 0.29 | 1.61 | 2.60 |
| | P（吨/年） | 0.63 | 0.12 | 0.34 | 3.48 | 4.57 |
| | K（吨/年） | 1.42 | 0.23 | 1.23 | 7.38 | 10.26 |
| 净化大气环境 | 提供负离子（个/年） | $1.24 \times 10^{21}$ | $1.51 \times 10^{20}$ | $3.05 \times 10^{20}$ | $4.98 \times 10^{21}$ | $6.68 \times 10^{21}$ |
| | 吸收二氧化硫（千克/年） | 1380.15 | 198.58 | 403.09 | 9621.46 | 11603.28 |
| | 吸收氟化物（吨/年） | 115.60 | 22.06 | 44.79 | 622.96 | 805.41 |
| | 吸收氮氧化物（吨/年） | 70.42 | 13.44 | 27.28 | 379.47 | 490.61 |
| | 滞纳TSP（千克/年） | 297.09 | 57.04 | 113.09 | 1779.58 | 2246.80 |
| | 滞纳$PM_{2.5}$（千克/年） | 37.66 | 7.23 | 14.33 | 225.56 | 284.78 |
| | 滞纳$PM_{10}$（千克/年） | 155.55 | 29.87 | 59.21 | 931.71 | 1176.34 |

（3）固碳释氧。森林固碳释氧量是根据植物光合作用中干物质形成的化学计算式进行测算。林木每吸收（固定）1.63吨$CO_2$，释放1.19吨$O_2$。从计算结果看，上海共青国家森林公园固碳释氧量最高的优势树种组为针阔混交林，其中固碳实物量为333.73吨/年，释氧实物量为783.9吨/年，占到总量的67.12%；最低的优势树种组为硬阔类，其中固碳实物量仅为9.91吨/年，释氧实物量仅为23.59吨/年，仅占到总量的1.99%。

（4）林木积累营养物质。森林植被是生态系统物质循环中重要的循环库，森林植被通过生化反应吸收氮、磷、钾等营养物质，并储存在体内各器官。从计算结果看，上海共青国家森林公园林木积累营养物质量最高的优势树种组为针阔混交林。其中，固氮、固磷和固钾实物量分别为1.61吨/年、3.48吨/年和7.38吨/年，分别占到总量的61.82%、76.25%、71.91%；最低的优势树种组为硬阔类，其中固氮、固磷和固钾实物量分别为0.04吨/年、0.12吨/年和0.13吨/年，分别仅占到总量的1.81%、2.73%、2.28%。

（5）净化大气环境。城市大气中的有害物质主要包括二氧化硫、氟化物、氧化亚氮等有害气体和粉尘，其在空气中的过量集聚会导致人体呼吸系统疾病、中毒，形成雾霾天气和酸雨，损害人体健康与环境。森林能有效吸收这些有害气体和阻滞粉尘，还能释放氧气与萜烯物，从而起到净化大气的作用。上海共青国家森林公园产生负离子最高的优势树种组为阔叶混交林，为 $4.98 \times 10^{21}$ 个，占到总量的 74.59%；最低的优势树种组为硬阔类，为 $1.51 \times 10^{20}$ 个，占总量的 2.26%。

上海共青国家森林公园吸收 $SO_2$ 量最高的优势树种组为阔叶混交林，物质量为 9621.26 千克 / 年，占到总量的 82.92%；最低的优势树种组为硬阔类，物质量为 198.58 千克 / 年，占总量的 1.71%。

上海共青国家森林公园吸收 HF 量最高的优势树种组为阔叶混交林，物质量为 622.96 千克 / 年，占到总量的 77.35%；最低的优势树种组为硬阔类，物质量为 22.06 千克 / 年，占总量的 2.74%。

上海共青国家森林公园吸收 $NO_X$ 量最高的优势树种组为阔叶混交林，物质量为 379.47 千克 / 年，占到总量的 77.35%；最低的优势树种组为硬阔类，物质量为 13.44 千克 / 年，占总量的 2.74%。

上海共青国家森林公园滞纳 TSP 量最高的优势树种组为阔叶混交林，物质量为 1.78 吨 / 年，占到总量的 79.20%；最低的优势树种组为硬阔类，物质量为 57.04 千克 / 年，占总量的 2.54%。其中滞纳 $PM_{10}$ 量最高的优势树种组为阔叶混，物质量为 0.93 吨 / 年；最低的优势树种组为硬阔类，物质量为 29.87 千克 / 年；滞纳 $PM_{2.5}$ 量最高的优势树种组为阔叶混交林，物质量为 1.78 吨 / 年，最低的优势树种组为硬阔类，物质量为 57.04 千克 / 年。

2. 价值量

2015 年，上海共青国家森林公园主要生态服务功能总价值 3206.17 万元 / 年（表 4-25）。其中森林游憩 2584.17 万元 / 年，占 80.60%；净化大气环境 297.85 万元 / 年，占 9.29%；固碳释氧 163.38 万元 / 年，占 5.10%；涵养水源 71.43 万元 / 年，占 2.23%；生物多样性保护 40.88 万元 / 年，占 1.27%；保育土壤 30.92 万元 / 年，占 0.96%；林木积累营养物质 17.54 万元 / 年，占 0.55%。（表 4-26，图 4-16）。

在 7 项森林生态系统服务功能价值的贡献之中，其大小顺序依次均为：森林游憩＞净化大气环境＞固碳释氧＞涵养水源＞生物多样性保护＞保育土壤＞林木积累营养物质。其中森林在涵养水源、森林游憩、固碳释氧和净化大气环境四项功能之和占森林生态系统服务功能总价值的 97.22%。

（1）涵养水源。2015 年，上海共青国家森林公园森林年涵养水源价值量 71.43 万元 / 年，其中调节水量价值 46.21 万元 / 年，净化水质价值 25.22 万元 / 年。

按优势树种结构组分，针阔混交林涵养水源价值占主要优势，总计 56.05 万元 / 年，占涵

表 4-25　上海共青国家森林公园森林生态系统服务价值量评价结果

| 功能项 | 优势树种组 | 杉类 | 硬阔类 | 阔叶混交林 | 针阔混交林 | 合计 |
|---|---|---|---|---|---|---|
| 涵养水源 | 调节水量（万元/年） | 1.51 | 5.13 | 3.32 | 36.26 | 46.22 |
| | 净化水质（万元/年） | 0.82 | 2.80 | 1.81 | 19.79 | 25.22 |
| 保育土壤 | 固土（万元/年） | 0.82 | 0.20 | 0.39 | 5.14 | 6.55 |
| | 保肥（万元/年） | 2.92 | 0.61 | 1.43 | 19.41 | 24.37 |
| 固碳释氧 | 固碳（万元/年） | 8.78 | 0.88 | 4.91 | 29.74 | 44.31 |
| | 释氧（万元/年） | 24.17 | 2.36 | 14.15 | 78.39 | 119.07 |
| 积累营养物质 | N（万元/年） | 1.26 | 0.08 | 0.56 | 3.08 | 4.98 |
| | P（万元/年） | 0.60 | 0.22 | 1.12 | 6.22 | 8.16 |
| | K（万元/年） | 0.60 | 0.10 | 0.53 | 3.16 | 4.39 |
| 净化大气环境 | 提供负离子（万元/年） | 0.76 | 0.08 | 0.17 | 3.04 | 4.05 |
| | 吸收二氧化硫（万元/年） | 0.55 | 0.08 | 0.16 | 3.85 | 4.64 |
| | 吸收氟化物（万元/年） | 0.01 | <0.01 | 0.01 | 0.04 | 0.06 |
| | 吸收氮氧化物（万元/年） | 0.03 | 0.01 | 0.01 | 0.15 | 0.20 |
| | TSP（万元/年） | 38.20 | 7.34 | 14.54 | 228.83 | 288.90 |
| | $PM_{2.5}$（万元/年） | 37.76 | 7.25 | 14.37 | 226.19 | 285.57 |
| | $PM_{10}$（万元/年） | 0.45 | 0.08 | 0.17 | 2.63 | 3.33 |
| 生物多样性保护 | 生物多样性保护（万元/年） | - | - | - | - | 40.88 |
| 森林游憩 | 森林游憩（万元/年） | - | - | - | - | 2584.17 |
| 总　计 | | 81.03 | 19.89 | 43.11 | 437.10 | 3206.17 |

表 4-26　生物多样性指数等级划分及其物种保有价值量

| 等级 | 生物多样性指数 | 物种保有价值量[元/（公顷·年）] |
|---|---|---|
| I | 指数≥6 | 50000 |
| II | 5≤指数<6 | 40000 |
| III | 4≤指数<5 | 30000 |
| IV | 3≤指数<4 | 20000 |
| V | 2≤指数<3 | 10000 |
| VI | 1≤指数<2 | 5000 |
| VII | 指数<1 | 3000 |

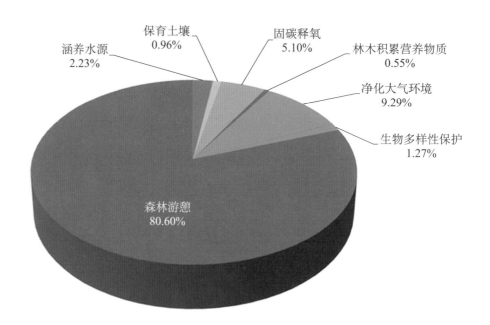

**图 4-16　上海共青国家森林公园森林主要生态服务功能价值比例**

养水源价值总量的 78.46%，其次是硬阔类，涵养水源价值量为 7.93 万元 / 年，占比 11.10%。

（2）保育土壤。2015 年，上海共青国家森林公园森林固土保肥价值达到 30.93 万元 / 年，其中，产生固土价值 6.56 万元 / 年，保肥价值 24.37 万元 / 年。

上海共青国家森林公园最常见的阔叶混交林是乔木林中年固土保肥功能最高的一种类型，可产生价值量 24.55 万元 / 年，占整体固土保肥价值量的 79.37%。

（3）固碳释氧。2015 年，上海共青国家森林公园森林固碳释氧价值达 163.38 万元 / 年，其中，固碳价值 44.31 万元 / 年，释氧价值 119.07 万元 / 年。

上海市共青国家森林公园乔木林中针阔混交林年固碳释氧功能最高，贡献了近 67% 的价值量。除此之外贡献率较大的还有阔叶混交林和杉类。

（4）林木积累营养物质。2015 年，上海共青国家森林公园林木积累营养物质总价值 17.54 万元 / 年。其中，针阔混交林占据了主导地位（70% 以上），除针阔混交林之外，贡献率较大的还有阔叶混交林和杉类。

（5）净化大气环境。2015 年，上海共青森林公园森林净化大气功能产生效益 299.67 万元 / 年。其中产生负离子价值 4.05 万元 / 年；降低噪音产生价值 1.86 万元 / 年；吸收 $SO_2$ 产生价值 4.64 万元 / 年；吸收氟化物产生价值 555.73 元 / 年；吸收氮氧化物产生价值量 1962.43 元 / 年；滞尘年产生价值 288.90 万元 / 年，其中 $PM_{2.5}$ 285.57 万元 / 年，$PM_{10}$ 3.30 万元 / 年。

阔叶混交林产生负离子价值量占主要优势，总计 3.05 万元 / 年，占产生负离子价值总量的 75.26%；其次杉类，占比 18.78%。在吸收 $SO_2$ 功能中，阔叶混占主要优势，总计 3.85 万元 / 年，占吸收 $SO_2$ 价值总量的 82.92%；其次杉类，占比 11.89%。在吸收 HF 功能中，阔叶混吸收 HF 价值量 429.84 元 / 年，占吸收 HF 价值总量的 77.35%。在吸收 $NO_x$ 功能中，阔叶混交林吸收 $NO_x$ 价值量 1517.88 元 / 年，占吸收 $NO_x$ 价值总量的 77.35%。在滞纳 TSP 价值量中，阔叶混占主要优势，总计 222.83 万元 / 年，占滞纳 TSP 价值总量的 79.20%；其次杉类，占比 13.22%。

（6）生物多样性保护价值。生物多样性指生物及其环境所形成的生态复合体及与此相关的各种生态过程的总和，它是人类社会生存和可持续发展的基础。Shannon-Wiener 指数是衡量生态系统物种多样性的一个经典指标，既能够反映森林中物种的丰富度，也能够表达物种分布的均匀度。通过计算，上海共青国家森林公园森林的 Shannon-Wiener 指数为 1.06，根据 Shannon-Wiener 指数及单位面积生物多样性保育机制的 7 等级表（表 4-26），得出 2015 年上海共青国家森林公园森林年生物物种资源保育价值为 40.88 万元 / 年。

（7）森林游憩价值。森林游憩价值主要指森林资源可以为人们提供的游憩利用价值，即人们为了获得森林游憩服务愿意付出的费用，它有类似市场交换的"替代市场"和"影子价格"。由于森林以及其中的河流可以野营、漫步、观赏、游泳和钓鱼等，因此消费者愿意付出一定的费用如门票、税收和旅行费等，以获得这种服务。

森林游憩的价值量直接按照公园门票收入计量，按 2015 年上海市林业部门统计资料，2015 年上海共青国家森林公园游人量 1722782 人次 / 年，门票价格 15 元 / 人次，得出 2015 年上海共青国家森林公园森林游憩价值为 2584.17 万元 / 年。

### 四、结论与讨论

#### 1. 上海共青国家森林公园森林生态系统服务物质量评估

上海共青国家森林公园各个优势树种组的森林生态系统服务功能物质量占比最大是针阔混交林和阔叶混交林两个优势树种组，这主要是受到了森林资源数量（面积和蓄积）、林龄和起源结构的影响。其中，在涵养水源、固碳释氧、林木积累营养物质三项生态功能方面，针阔混交林的物质量占比最大；在保育土壤和净化大气环境两项生态功能方面，阔叶混交林的物质量占比最大。

#### 2. 上海共青国家森林公园森林生态系统服务价值量评估

上海共青国家森林公园森林生态系统服务功能价值排序情况为文化功能（森林游憩）价值最大，调节功能（包括涵养水源、保育土壤、固碳释氧、林木积累营养物质、净化大气环境）价值居第二，支持功能（生物多样性保护）价值居第三；文化功能价值、调节功能价值、支持功能价值分别占总服务价值的 80.60%、18.13% 和 1.27%。

在森林的各项生态功能价值中，森林游憩功能价值占比最大，充分表明上海共青国家森林公园作为城市公园游憩功能的重要性。此外，作为调节功能中的涵养水源、固碳释氧和净化大气环境合计价值占总服务价值的 2.23%、5.10% 和 9.34%，突显了上海共青国家森林公园森林资源在涵养水源、固碳释氧和净化大气环境等方面具有十分突出的作用，与城市森林公园建设重点、方向及现状相一致。

# 参考文献

陈波，刘海龙，赵东波，等．2016.北京西山绿化树种秋季滞纳 $PM_{2.5}$ 能力及其与叶表面 AFM 特征的关系 [J].应用生态学报，27（3）：777-784.

房瑶瑶，王兵，牛香．2015.叶片表面粗糙度对颗粒物滞纳能力及洗脱特征的影响 [J].水土保持学报，29（4）：110-115.

国家林业局．2011.森林生态系统长期定位观测方法（LY/T 1952—2011）[S].北京：中国标准出版社．

国家林业局．2003.关于认真贯彻执行《森林资源规划设计调查主要技术规定》的通知（林资发 [2003]61 号）．

国家林业局．2003.森林生态系统定位观测指标体系（LY/T 1606—2003）[S].北京：中国标准出版社．

国家林业局．2005.森林生态系统定位研究站建设技术要求（LY/T 1626—2005）[S].北京：中国标准出版社．

国家林业局．2008.森林生态系统服务功能评估规范（LY/T 1721—2008）[S].北京：中国标准出版社．

国家林业局．2010.森林生态系统定位研究站数据管理规范（LY/T1872—2010）[S].北京：中国标准出版社．

国家林业局．2010.森林生态站数字化建设技术规范（LY/T1873—2010）[S].北京：中国标准出版社．

国家林业局。2015.关于公布《第九次全国森林资源清查吉林等 7 省（市）主要清查结果》的通知（林资发〔2015〕51 号），国家林业局文件．

国家林业局．2015.退耕还林工程生态效益监测评估国家报告（2014）[M].北京：中国林业出版社．

国家林业局．退耕还林工程生态效益监测国家报告（2013）[M].北京：中国林业出版社，2014.

蒋有绪．2000.森林生态学的任务及面临的发展问题 [J].世界科技研究与发展22：446-452.

蒋有绪．2013.加强生态文明建设的量化评价工作 [J].国土绿化3：13.

蒋有绪．2001.森林可持续经营与林业的可持续发展 [J].世界林业研究14（02）：1-8.

李文华 . 2014. 森林生态服务核算——科学认识森林多种功能和效益的基础 [J]. 国土绿化
　　2014, 11:7.

李文华, 张彪, 谢高地 . 2009. 中国生态系统服务研究的回顾与展望 [J]. 自然资源学报
　　(01) :1-10.

牛香 . 2012. 森林生态效益分布式测算及其定量化补偿研究—以广东和辽宁省为例 [D]. 北京 :
　　北京林业大学 .

牛香, 宋庆丰, 王兵, 等 . 2013. 吉林省森林生态系统服务功能 [J]. 东北林业大学学报, 41
　　(8) : 36-41.

牛香, 王兵 . 2012. 基于分布式测算方法的福建省森林生态系统服务功能评估 [J]. 中国水土
　　保持科学, 10 (2) : 36-43.

任军, 宋庆丰, 山广茂, 等 . 2016. 吉林省森林生态连清与生态系统服务研究 [M]. 北京 : 中国
　　林业出版社 .

山广茂, 王兵 . 2013. 吉林省生态系统服务功能及其效益评估 [M] . 哈尔滨 : 东北林业大学出
　　版社 .

上海市环境保护局 . 2014. 2014 年上海市环境状况公报 [EB/OL]. [2016-08-04] http://www.
　　envir.gov.cn/law/bulletin/2014/2014btchs.pdf.

上海市环境保护局 . 2015. 2015 年上海市环境状况公报 [EB/OL]. [2016-08-04] http://www.
　　sepb.gov.cn/fa/cms/upload/uploadFiles/2016-03-30/file2323.pdf.

上海市绿化和市容管理局 . 2015. 上海绿化市容行业年鉴 (2015) [M]. 上海科学技术文献出
　　版社 .

上海市统计局 . 2014. 上海统计年鉴 (2014) [M]. 上海 : 中国统计出版社 .

王兵 . 2011. 广东省森林生态系统服务功能评估 [M]. 北京 : 中国林业出版社 .

王兵, 崔向慧 . 2003. 全球陆地生态系统定位研究网络的发展 [J]. 林业科技管理, (2) : 15-21.

王兵, 崔向慧, 杨锋伟 . 2004. 中国森林生态系统定位研究网络的建设与发展 [J]. 生态学杂志
　　23 : 84-91.

王兵, 丁访军 . 2012. 森林生态系统长期定位研究标准体系 [M] . 北京 : 中国林业出版社 .

王兵, 董秀凯 . 2014. 吉林省陆地生态系统定位研究网络十年发展规划 (2011-2020 年) [M].
　　吉林 : 吉林大学出版社 .

王兵, 李少宁, 郭浩 . 2007. 江西省森林生态系统服务功能及其价值评估研究 [J]. 江西科学,
　　25 (5) : 553-559.

王兵, 鲁少波, 白秀兰, 等 . 2011a. 江西省广丰县森林生态系统健康状况研究 [J]. 江西农业大
　　学学报, 33 (3) :521-528.

王兵, 鲁绍伟, 尤文忠, 等 . 2010. 辽宁省森林生态系统服务价值评估 [J]. 应用生态学报,

21（7）：1792-1798.

王兵，任晓旭，胡文 . 2011. 中国森林生态系统服务功能及其价值评估 [J]. 林业科学，47（2）：145-153.

王兵，王晓燕，牛香，等 . 2015. 北京市常见落叶树种叶片滞纳空气颗粒物功能 [J]. 环境科学，36（6）：2005-2007.

王兵，魏江生，胡文 . 2011b. 中国灌木林—经济林—竹林的生态系统服务功能评估 [J]. 生态学报，31（7）:1936-1945.

王兵，魏江生，俞社保，等 . 2013. 广西壮族自治区森林生态系统服务功能研究 [J]. 广西植物，33（1）：46-51.

夏尚光，牛香，苏守香，等 . 2015. 安徽省森林生态连清与生态系统服务研究 [M]. 北京：中国林业出版社 .

尹伟伦 . 2009. 生态文明与可持续发展 [J]. 科技导报，（7）:1.

张永利，杨锋伟，王兵，等 . 2010. 中国森林生态系统服务功能研究 [M]. 北京：中国林业出版社 .

赵士洞 . 2005. 美国国家生态观测站网络（NEON）——概念、设计和进展 [J]. 地球科学进展，20（5）：578-583.

中华人民共和国国家标准 . 2010. 森林资源规划设计调查技术规程（GB/T 26424—2010）[S].

中国森林生态服务功能评估项目组 . 2010. 中国森林生态服务功能评估 [M]. 北京：中国林业出版社 .

中国森林资源核算研究项目组 . 2015. 生态文明制度构建中的中国森林核算研究 [M]. 北京：中国林业出版社 .

Adger W. N. , Brown K. , Moran D. 1995. Total economic value of forests in Mexico [J]. Ambio, 24（5）:286-296.

Barbier E B, Koch E W, Silliman B R, et al. 2008. Coastal ecosystem-based management with nonlinear ecological functions and values [J]. science, 319（5861）: 321-323.

Carpenter S R, Brock W A, Hanson P C. 1999. Ecological and social dynamics in simple models of ecosystem management[M]. Social Systems Research Institute, University of Wisconsin.

Chapman S B. 1981. 植物生态学的方法 [M]. 阳含熙等 , 译 . 北京：科学出版社 .

Committee on the National Ecological Observatory Network. 2004. NEON-Addressing the nation's environmental challenges[M]. Washington: The National Academy Press.

Costanza R. 2000. Social goals and the valuation of ecosystem services [J]. Ecosystem. 3:4-10.

Costanza R, Arge R, Groot R, et al. 1997. The value of the world's ecosystem services and natural capital [J]. Nature, 387:253-260.

Costanza R, Wilson M, Troy A, et al. 2006. The value of New Jersey's ecosystem services and natural capital [J]. Gund Institute for Ecological Economics, University of Vermont and New Jersey Department of Environmental Protection, Trenton, New Jersey, 13.

Daily G C. 1997. Nature's services: societal dependence on natural ecosystems [M]. Washington: Island Press.

Dick J, Andrews C, Beaumont D A, et al. 2016. Analysis of temporal change in delivery of ecosystem services over 20 years at long term monitoring sites of the UK Environmental Change Network[J]. Ecological Indicators, 68:115-125.

Ehrlich P R, Ehrlich A H. 1981. Extinction: the causes and consequences of the disappearance of species [M]. NewYork: Random House.

Fann N, Risley D. 2013. The Public Health Context for $PM_{2.5}$ and Ozone Air Quality Trends[J]. Air Quality, Atmosphere and Health, 6（1）: 1-11.

Franklin J F, Bledsoe C S, Callahan J T. 1990. Contributions of the long term ecological research program[J]. Biosicience, 40:509-523.

Groot R D, Wilson M A, Boumansrm M J. 2002. A typology for the classification, description and valuation of ecosystem functions, goods and services [J]. Ecological Economics, 41(3):393-408.

Hanba Y T, Moriya A, Kimura K. 2004. Effect of leaf surface wetness and wettability on photosynthesis in bean and pea[J]. Plant, Cell and Environment, 27（4）: 413-421.

Hargrove W W, Hoffman F M. 1999. Using multivariate clustering to characterize ecoregion borders[J]. Computing in science & engineering, 1（4）: 18-25.

Holdren J. 1974. Ehrlich P. Human population and the global environment [J]. American scientist, 62（3）:282-292.

Keller M, Schimel D S, Hargrove W W, and Hoffman F M. 2008. A continental strategy for the National Ecological Observatory Network[J]. Frontiers in Ecology and the Environment, 6, 282-284.

Kloog I, Zanobetti A, Nordio F, et al. 2015. Effects of airborne fine particles（$PM_{2.5}$）on deep vein thrombosis admissions in the northeastern United States[J]. Journal of Thrombosis and Haemostasis, 13（5）: 768-774.

Koch E W, Barbier E B, Silliman B R, et al. 2009. Non-linearity in ecosystem services: temporal and spatial variability in coastal protection [J]. Frontiers in Ecology and the Environment, 7（1）: 29-37.

Koch K, Bhushan B, Barthlott W. 2009. Multifunctional surface structures of plants: an inspiration for biomimetics[J]. Progress in Materials Science, 54（2）: 137-178.

Kumar P, Cropper A, Capistrano D, et al. 2005. Ecosystems and Human Well Being: Synthesis[J].

Magrath W, Arens P. 1989. Costs of soil erosion on Java: a natural resource accounting approach [M].

Washington, D. C: Environmental Department Working Paper.

National Science Foundation. 2016. The Long Time Ecological Research Network[EB/OL]. [2016-08-04] https://lternet.edu/.

Neinhuis C, Barthlott W. 1998. Seasonal changes of leaf surface contamination in beech, oak and ginkgo in relation to leaf micromorphology and wettability. New Phytologist, 138（1）: 91-98.

Niu X, Wang B. 2013b. Assessment of Forest Ecosystem Services In China: A Methodology[J]. Journal of Food Agriculture & Environment, 11（3&4）: 2249-2254.

Niu X, Wang B, Liu SR, et al. 2012. Economical assessment of forest ecosystem services in China: Characteristics and implications[J]. Ecological Complexity, 11:1-11.

Niu X, Wang B, Wei W J. 2013a. Chinese forest ecosystem research network: A platform for observing and studying sustainable forestry[J]. Journal of Food Agriculture & Environment, 11（2）:1008-1016.

Mueller-Dombois D, Ellenberg H. 1986. 植被生态学的目的和方法 [M]. 鲍显诚等, 译 . 北京：科学出版社 .

Nowak D J, Crane D E, Stevens J C. 2006. Air pollution removal by urban trees and shrubs in the United States[J]. Urban Forestry & Urban Greening, （4）: 115-123.

Pullman M. 2009. Conifer $PM_{2.5}$ deposition and re-suspension in wind and main events[D]. Cornell University.

Scheers H, Jacobs L, et al. 2015. Long-Term Exposure to Particulate Matter Air Pollution Is a Risk Factor for Stroke: Meta-Analytical Evidence[J]. Stroke: a journal of cerebral circulation, 46(11): 3058-3066.

Schimel D, Keller M, et al. 2012. NENO 2011 Science Strategy. [EB/OL]. [2016-08-04] http://www.neoninc.org/science/sciencestrategy.

Senkowsky S. 2003. NEON: Planning for a new frontier in biology[M]. BioScience, 53（5）: 456-461.

Stefan, K. , Raitio, H. , Bartels, U. , Fürst, A. , Rautio, P. , 2000. Manual on Methods and Criteria for Harmonized Sampling, Assessment, Monitoring and Analysis of the Effects of Air Pollution on Forests. PartIV: Sampling and Analysis of Needles and Leaves[M]. PN UN/ECE, ICP.

The Natural Environment Research Council. 2016. UK Environmental Change Network[EB/OL]. [2016-08-04] http://www.ecn.ac.uk/.

Vihervaara P, D'Amato D, Forsius M, et al. 2013. Using long-term ecosystem service and biodiversity data to study the impacts and adaptation options in response to climate change: insights from the global ILTER sites network[J]. Environmental Sustainability, 5（1）:53-66.

Waider R, French C, Sprott P. 1988. The International Long Term Ecological Research Networks[M]. US: Published by the US-LTER Network.

Wang B, Wei W J, Xing Z K, et al. 2012. Biomass carbon pools of Cunninghamia lanceolata (Lamb.) Hook. Forests in subtropical China: Characteristics and potential[J]. Scandinavian Journal of Forest Research, 27 (6) :545-560.

Wang B, Wei W J, Liu C J, et al. 2013. Biomass and Carbon Stock in Moso Bamboo Forests in Subtropical China: Characteristics And Implications[J]. Journal of Tropical Forest Science, 25 (1) , 137-148.

Wang B, Wang D, Niu X. 2013. Past, present and future forest resources in China and the implications for carbon sequestration dynamics[J]. Journal of Food Agriculture & Environment, 11 (1) :801-806.

Xue P, Wang B, Niu X. 2013. A simplified method for assessing forest health, with application to Chinese fir plantations in Dagang Mountain, Jiangxi, China[J]. Journal of Food Agriculture & Environment, 11 (2) :1232-1238.

Yang J, Yu Q, Gong P. 2008. Quantifying air pollution removal by green roofs in Chicago[J]. Atmospheric Environment, 42: 7266-7273.

Zhang W K, Wang B, Niu X. 2015. Study on the Adsorption Capacities for Airborne Particulates of Landscape Plants in Different Polluted Regions in Beijing (China) [J]. International Journal of Environmental Research and Public Health, 12: 9623-9638.

# 名词术语

**长期定位观测**

在特定区域或生态系统分布区建立长期观测研究设施，用于对自然状态或人为干扰下生态系统的动态变化格局与过程进行长期监测。

**森林生态系统定位观测网络布局**

以"行政区划""自然区划"与"森林资源清查公里网格"为确定森林生态站规划数量的依据，采用《中国森林》中森林分区的原则，根据国家生态建设的需求和面临的重大科学问题，以及各生态区的生态重要性、生态系统类型的多样性等因素，并针对区域内地带性森林类型（优势树种）的观测需求，明确优先建设的拟建森林生态站名称和地点，构成森林生态系统定位观测研究网络。

**国家生态系统观测研究网络（CERN）**

在现有的分别属于不同主管部门的野外台站的基础上整合建立的，该建设项目是跨部门、跨行业、跨地域的科技基础条件平台建设任务，需要在国家层次上，统一规划和设计，将各主管部门的野外观测研究基地资源、观测设备资源、数据资源以及观测人力资源进行整合和规范化，有效地组织国家生态系统网络的联网观测与试验，构建国家的生态系统观测与研究的野外基地平台，数据资源共享平台，生态学研究的科学家合作与人才培养基地。

**中国森林生态系统定位研究网络（CFREN）**

中国森林生态系统定位研究网络由分布于全国典型森林植被区的若干森林生态站组成。而森林生态站是通过在典型森林地段，建立长期观测点与观测样地，对森林生态系统的组成、结构、生物生产力、养分循环、水循环和能量利用等在自然状态下或某些人为活动干扰下的动态变化格局与过程进行长期观测，阐明生态系统发生、发展、演替的内在机制和自身的动态平衡，以及参与生物地球化学循环过程等的长期定位观测站点。

## 生态系统功能

指生境、生物学性质或生态系统过程，包括物质循环、能量流动、信息传递以及生态系统本身动态演化等，是生态系统基本性质，不依人的存在而存在。

## 生态系统服务功能

指生态系统与生态过程所形成及所维持的人类赖以生存的自然环境条件与效用。

## 森林生态系统定位观测研究站

森林生态系统定位观测研究站是通过在典型森林地段，建立长期观测样地，对森林生态系统的组成、结构、生物生产力、养分循环、水循环和能量利用等在自然状态下或某些人为活动干扰下的动态变化格局与过程进行长期观测，阐明生态系统发生、发展、演替的内在机制和生态系统自身的动态平衡，以及参与生物地球化学循环过程等的长期定位观测站点。

## 森林生态系统连续观测与清查

简称：森林生态连清，是以生态地理区划为单位，以森林生态站为依托，采用长期定位观测技术和分布式测算方法，定期对森林生态系统效益进行全指标体系观测与清查，它与国家森林资源连续清查相耦合，评价一定时期内的森林生态效益，进一步了解森林生态系统结构和功能的动态变化。

## 森林生态连清分布式测算方法

森林生态连清的测算是一项非常庞大、复杂的系统工程，将其按照行政区、林分类型、起源和林龄等划分为若干个相对独立的测算单元。然后，基于生态系统尺度的定位实测数据，运用遥感反演、模型模拟（如 IBIS- 集成生物圈模型）等技术手段，进行由点到面的数据尺度转换，将点上实测数据转换至面上测算数据，即可得到森林生态连清汇总单元的测算数据，以上均质化的单元数据累加的结果即为汇总结果。

## 城市森林

城市森林为市域范围内以改善生态环境、实现人和自然协调、满足社会发展需要，由以树木为主体的植被及其所在的环境所构成的人工或自然的森林生态系统，狭义上其主体应该是近自然的森林生态系统。

# 附　表

附　表　86个连片面积≥10公顷的Ⅰ、Ⅱ级森林斑块信息表

| 编号 | 植被类型 | 总面积（公顷） | 林龄（年） | 林种 | 地貌类型 | 生态亚区 |
|------|----------|----------------|-----------|------|----------|----------|
| 1 | 常绿落叶阔叶混交林 | 22 | 25 | 沿海防护林 | 西部湖沼平原区 | IV-1 |
| 2 | 针阔混交林 | 11 | 30 | 护路林 | 西部湖沼平原区 | IV-1 |
| 3 | 针阔混交林 | 13 | 10 | 污染隔离林 | 西部湖沼平原区 | IV-1 |
| 4 | 落叶阔叶林 | 13 | 10 | 水源涵养林 | 西部湖沼平原区 | IV-1 |
| 5 | 落叶阔叶林 | 17 | 9 | 水源涵养林 | 西部湖沼平原区 | IV-1 |
| 6 | 落叶阔叶林 | 25 | 13 | 水源涵养林 | 西部湖沼平原区 | IV-1 |
| 7 | 常绿阔叶林 | 14 | 15 | 水源涵养林 | 西部湖沼平原区 | IV-1 |
| 8 | 常绿落叶阔叶混交林 | 11 | 6 | 果树林 | 西部湖沼平原区 | IV-1 |
| 9 | 常绿阔叶林 | 11 | 13 | 水源涵养林 | 西部湖沼平原区 | IV-1 |
| 10 | 常绿阔叶林 | 22 | 11 | 风景林 | 东部滨海平原区 | I-3 |
| 11 | 常绿落叶阔叶混交林 | 24 | 20 | 环境保护林 | 东部滨海平原区 | I-2 |
| 12 | 落叶阔叶林 | 14 | 11 | 水源涵养林 | 西部湖沼平原区 | IV-1 |
| 13 | 常绿阔叶林 | 13 | 16 | 护路林 | 东部滨海平原区 | I-1 |
| 14 | 常绿落叶阔叶混交林 | 19 | 15 | 水源涵养林 | 西部湖沼平原区 | IV-1 |
| 15 | 针阔混交林 | 71 | 11 | 沿海防护林 | 东部滨海平原区 | I-3 |
| 16 | 落叶阔叶林 | 35 | 15 | 环境保护林 | 西部湖沼平原区 | IV-1 |
| 17 | 常绿阔叶林 | 21 | 17 | 环境保护林 | 西部湖沼平原区 | IV-1 |
| 18 | 针阔混交林 | 31 | 15 | 水源涵养林 | 西部湖沼平原区 | IV-1 |
| 19 | 常绿阔叶林 | 24 | 12 | 水源涵养林 | 西部湖沼平原区 | IV-1 |
| 20 | 常绿阔叶林 | 13 | 11 | 环境保护林 | 东部滨海平原区 | I-2 |
| 21 | 针阔混交林 | 20 | 17 | 水源涵养林 | 西部湖沼平原区 | IV-2 |
| 22 | 常绿阔叶林 | 21 | 17 | 水源涵养林 | 西部湖沼平原区 | IV-1 |
| 23 | 常绿落叶阔叶混交林 | 20 | 15 | 水源涵养林 | 西部湖沼平原区 | IV-1 |
| 24 | 常绿落叶阔叶混交林 | 16 | 15 | 水源涵养林 | 西部湖沼平原区 | IV-1 |
| 25 | 落叶针叶林 | 13 | 14 | 水源涵养林 | 西部湖沼平原区 | IV-2 |
| 26 | 常绿落叶阔叶混交林 | 12 | 12 | 水源涵养林 | 东部滨海平原区 | I-2 |
| 27 | 常绿阔叶林 | 18 | 13 | 环境保护林 | 东部滨海平原区 | I-1 |
| 28 | 常绿落叶阔叶混交林 | 79 | 13 | 水源涵养林 | 西部湖沼平原区 | IV-1 |
| 29 | 落叶阔叶林 | 42 | 15 | 水源涵养林 | 西部湖沼平原区 | IV-1 |
| 30 | 常绿阔叶林 | 61 | 20 | 水源涵养林 | 西部湖沼平原区 | IV-1 |
| 31 | 落叶阔叶林 | 21 | 30 | 风景林 | 西部湖沼平原区 | IV-1 |
| 32 | 常绿落叶阔叶混交林 | 22 | 15 | 环境保护林 | 东部滨海平原区 | I-2 |

（续）

| 编号 | 植被类型 | 总面积（公顷） | 林龄（年） | 林种 | 地貌类型 | 生态亚区 |
|---|---|---|---|---|---|---|
| 33 | 常绿阔叶林 | 41 | 10 | 水源涵养林 | 西部湖沼平原区 | IV-1 |
| 34 | 常绿阔叶林 | 27 | 17 | 风景林 | 西部湖沼平原区 | IV-1 |
| 35 | 落叶阔叶林 | 42 | 35 | 风景林 | 西部湖沼平原区 | IV-1 |
| 36 | 落叶阔叶林 | 13 | 24 | 环境保护林 | 西部湖沼平原区 | IV-1 |
| 37 | 竹林 | 38 | 30 | 风景林 | 西部湖沼平原区 | IV-1 |
| 38 | 常绿阔叶林 | 12 | 15 | 外环林 | 东部滨海平原区 | I-2 |
| 39 | 落叶阔叶林 | 16 | 11 | 环境保护林 | 东部滨海平原区 | I-1 |
| 40 | 常绿阔叶林 | 10 | 13 | 环境保护林 | 东部滨海平原区 | I-1 |
| 41 | 常绿阔叶林 | 10 | 11 | 护岸林 | 西部湖沼平原区 | IV-1 |
| 42 | 落叶阔叶林 | 16 | 11 | 护路林 | 中心城区 | II-1 |
| 43 | 落叶阔叶林 | 12 | 17 | 环境保护林 | 西部湖沼平原区 | IV-2 |
| 44 | 常绿阔叶林 | 21 | 18 | 沿海防护林 | 河口三角洲区 | III-3 |
| 45 | 落叶阔叶林 | 10 | 17 | 护路林 | 中心城区 | II-1 |
| 46 | 常绿落叶阔叶混交林 | 74 | 14 | 沿海防护林 | 河口三角洲区 | III-3 |
| 47 | 落叶阔叶林 | 17 | 12 | 环境保护林 | 东部滨海平原区 | I-2 |
| 48 | 常绿阔叶林 | 18 | 17 | 环境保护林 | 东部滨海平原区 | I-2 |
| 49 | 常绿阔叶林 | 96 | 10 | 果树林 | 河口三角洲区 | III-3 |
| 50 | 常绿阔叶林 | 10 | 15 | 环境保护林 | 东部滨海平原区 | I-1 |
| 51 | 常绿落叶阔叶混交林 | 60 | 5 | 果树林 | 河口三角洲区 | III-3 |
| 52 | 落叶针叶林 | 11 | 8 | 水源涵养林 | 河口三角洲区 | III-3 |
| 53 | 落叶针叶林 | 24 | 9 | 水源涵养林 | 河口三角洲区 | III-3 |
| 54 | 常绿落叶阔叶混交林 | 33 | 13 | 护岸林 | 河口三角洲区 | III-3 |
| 55 | 落叶针叶林 | 73 | 8 | 水源涵养林 | 河口三角洲区 | III-3 |
| 56 | 落叶阔叶林 | 16 | 11 | 护岸林 | 河口三角洲区 | III-3 |
| 57 | 落叶阔叶林 | 28 | 17 | 沿海防护林 | 河口三角洲区 | III-3 |
| 58 | 落叶阔叶林 | 32 | 13 | 水源涵养林 | 河口三角洲区 | III-3 |
| 59 | 落叶阔叶林 | 23 | 13 | 水源涵养林 | 河口三角洲区 | III-3 |
| 60 | 落叶阔叶林 | 12 | 17 | 水源涵养林 | 河口三角洲区 | III-3 |
| 61 | 常绿落叶阔叶混交林 | 20 | 19 | 水源涵养林 | 河口三角洲区 | III-3 |
| 62 | 常绿落叶阔叶混交林 | 27 | 11 | 水源涵养林 | 河口三角洲区 | III-3 |
| 63 | 常绿落叶阔叶混交林 | 35 | 11 | 水源涵养林 | 河口三角洲区 | III-3 |
| 64 | 落叶阔叶林 | 36 | 12 | 水源涵养林 | 河口三角洲区 | III-3 |
| 65 | 常绿阔叶林 | 144 | 17 | 水源涵养林 | 河口三角洲区 | III-3 |
| 66 | 落叶针叶林 | 21 | 35 | 风景林 | 河口三角洲区 | III-3 |
| 67 | 落叶针叶林 | 13 | 35 | 风景林 | 河口三角洲区 | III-3 |
| 68 | 常绿落叶阔叶混交林 | 11 | 15 | 护路林 | 东部滨海平原区 | I-2 |

（续）

| 编号 | 植被类型 | 总面积（公顷） | 林龄（年） | 林种 | 地貌类型 | 生态亚区 |
|---|---|---|---|---|---|---|
| 69 | 落叶针叶林 | 46 | 8 | 水源涵养林 | 河口三角洲区 | III-3 |
| 70 | 落叶针叶林 | 68 | 8 | 水源涵养林 | 河口三角洲区 | III-3 |
| 71 | 落叶阔叶林 | 16 | 13 | 水源涵养林 | 河口三角洲区 | III-3 |
| 72 | 落叶阔叶林 | 30 | 9 | 水源涵养林 | 河口三角洲区 | III-3 |
| 73 | 落叶阔叶林 | 47 | 11 | 水源涵养林 | 河口三角洲区 | III-3 |
| 74 | 常绿落叶阔叶混交林 | 25 | 13 | 水源涵养林 | 河口三角洲区 | III-3 |
| 75 | 常绿落叶阔叶混交林 | 34 | 14 | 水源涵养林 | 河口三角洲区 | III-3 |
| 76 | 针阔混交林 | 23 | 9 | 护岸林 | 河口三角洲区 | III-3 |
| 77 | 针阔混交林 | 16 | 9 | 水源涵养林 | 河口三角洲区 | III-3 |
| 78 | 针阔混交林 | 21 | 9 | 水源涵养林 | 河口三角洲区 | III-3 |
| 79 | 常绿落叶阔叶混交林 | 19 | 15 | 水源涵养林 | 西部湖沼平原区 | IV-2 |
| 80 | 常绿阔叶林 | 12 | 12 | 环境保护林 | 东部滨海平原区 | I-2 |
| 81 | 常绿阔叶林 | 17 | 25 | 风景林 | 中心城区 | II-1 |
| 82 | 针阔混交林 | 12 | 21 | 风景林 | 中心城区 | II-1 |
| 83 | 常绿阔叶林 | 42 | 9 | 环境保护林 | 东部滨海平原区 | I-3 |
| 84 | 常绿落叶阔叶混交林 | 16 | 10 | 护路林 | 东部滨海平原区 | I-2 |
| 85 | 常绿落叶阔叶混交林 | 16 | 9 | 水源涵养林 | 河口三角洲区 | III-3 |
| 86 | 落叶阔叶林 | 27 | 13 | 沿海防护林 | 河口三角洲区 | III-3 |

# 附 图

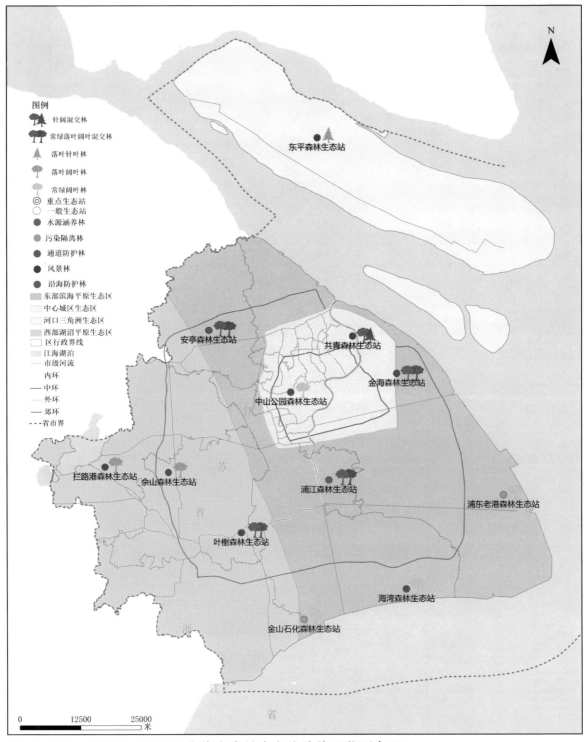

图例
- 针阔混交林
- 常绿落叶阔叶混交林
- 落叶针叶林
- 落叶阔叶林
- 常绿阔叶林
- 重点生态站
- 一般生态站
- 水源涵养林
- 污染隔离林
- 通道防护林
- 风景林
- 沿海防护林
- 东部滨海平原生态区
- 中心城区生态区
- 河口三角洲生态区
- 西部湖沼平原生态区
- 区行政界线
- 江海湖泊
- 市级河流
- 内环
- 中环
- 外环
- 郊环
- 省市界

东平森林生态站

安亭森林生态站

共青森林生态站

金海森林生态站

中山公园森林生态站

拦路港森林生态站

佘山森林生态站

浦江森林生态站

浦东老港森林生态站

叶榭森林生态站

海湾森林生态站

金山石化森林生态站

苏 省

浙 江 省

N

0    12500    25000
米

上海市森林生态连清体系监测布局

上海市森林分布图（连片面积≥10公顷）

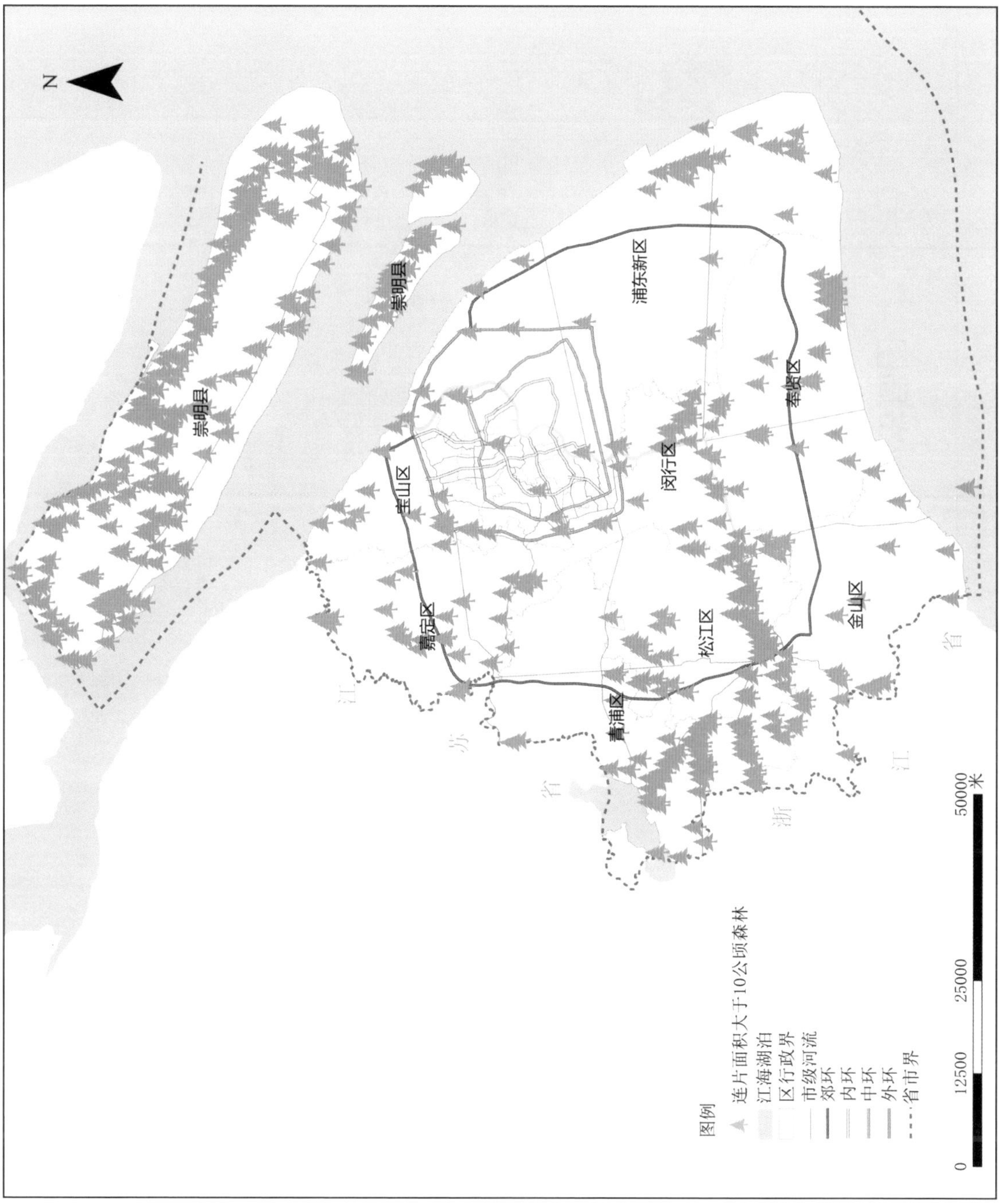

图例

▲ 连片面积大于10公顷森林
　 江海湖泊
　 区行政界
　 市级河流
—— 郊环
—— 内环
—— 中环
—— 外环
---- 省市界

崇明县

浦东新区

奉贤区

闵行区

青浦区

松江区

金山区

嘉定区

宝山区

江 苏 省

浙 江 省

0　12500　25000　50000米

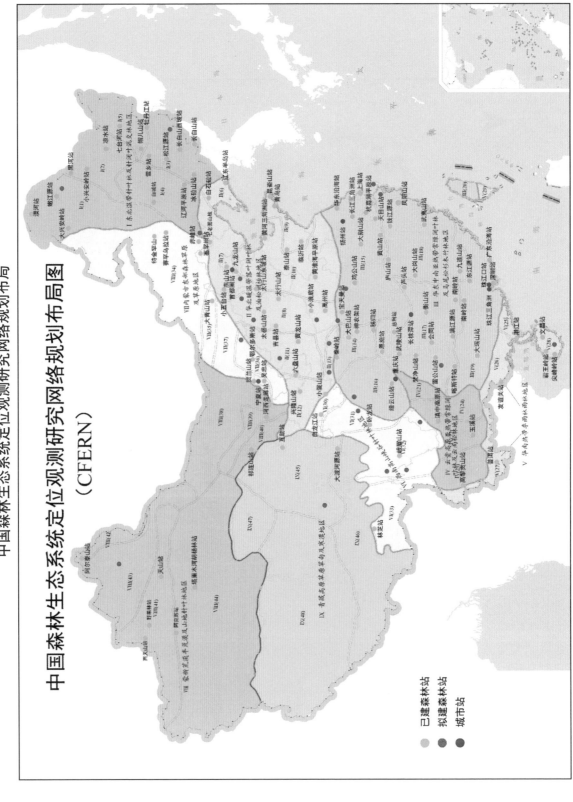

中国森林生态系统定位观测研究网络规划布局

## 中国森林生态系统定位观测研究网络规划布局图
### （CFERN）

已建森林站
拟建森林站
城市站

# 森林资源清查理论和实践有重要突破

—— 中国工程院院士　李文华

森林是人类繁衍生息的根基，可持续发展的保障。目前，水土流失、土地荒漠化、湿地退化、生物多样性减少等问题依然较为严重，在这些严重的生态危机面前，人类已经开始警醒，深刻认识到森林的重要地位和关键作用，并开始采取行动，促进发展与保护的统一，追求经济、社会、生态、文化的协同发展。

当前，我国正处在工业化的关键时期，经济持续增长对环境、资源造成很大压力。如何客观、动态、科学地评估森林的生态服务功能，解决好生产发展与生态建设保护的关系，估测全国主要森林类型生物量与碳储量，进行碳收支评估，揭示主要森林生态系统碳汇过程及其主要发生区域，反映我国森林资源保护与发展进程等一系列问题，就显得尤为重要。

近日，由国家林业局和中国林业科学研究院共同首次对外公布的《中国森林生态服务功能评估》与《中国森林植被生物量和碳储量评估》，从多个角度对森林生态功能进行了详细阐述，这对于加深人们的环境意识，促进加强林业建设在国民经济中的主导地位，提高森林经营管理水平，加快将环境纳入国民经济核算体系及正确处理社会经济发展与生态环境保护之间的关系，以及客观反映我国森林对全球碳循环及全球气候变化的贡献，加快森林生物量与碳循环研究的国际化进程，都具有重要意义。

森林，不仅是人类繁衍生息的根基，也是人类可持续发展的保障。伴随着气候变暖、土地沙化、水土流失、干旱缺水、生物多样性减少等各种生态危机对人类的严重威胁，人们对林业的价值和作用的认识，由单纯追求木材等直接经济价值转变为追求综合效益，特别是涵养水源、保育土壤、固碳释氧、净化空气等多种功能的生态价值。

近年来，中国林业取得了举世瞩目的成就，生态建设取得重要进展，国家林业重点生态工程顺利实施，生态功能显著提升，为国民经济和社会发展作出了重大贡献。党和国家为此赋予了林业新的"四个地位"——在贯彻可持续发展战略中具有重要地位，在生态建设中具有首要地位，在西部大开发中具有基础地位，在应对气候变化中具有特殊地位。

以此为契机，最近完成的《中国森林生态服务功能评估》研究，以真实而广博的数据来源，科学的测算方法，系统的归纳整理，全面评估了中国森林生态服务功能的物质量和价值量，为构建林业三大体系、促进现代林业发展提供了科学依据。

所谓的森林生态系统服务功能，是指森林生态系统与生态过程所形成及所维持的人类赖以生存的自然环境条件与效用。森林生态系统的组成结构非常复杂，生态功能繁多。1997 年，美国学者 Costanza 等在《nature》上发表文章 "The value of the world's ecosystem services and natural capital"，在世界上最先开展了对全球生态系统服务功能及其价值的估算，评估了温带森林的气候调节、干扰调节、水调节、土壤形成、养分循环、休闲等 17 种生态服务功能。

2001 年，世界上第一个针对全球生态系统开展的多尺度、综合性评估项目——联合国千年生态系统评估（MA）正式启动。它评估了供给服务（包括食物、淡水、木材和纤维、燃料等）、调节服务（包括调节气候、调节洪水、调控疾病、净化水质等）、文化服务（包括美学方面、精神方面、教育方面、消遣方面等）和支持服务（包括养分循环、大气中氧气的生产、土壤形成、初级生产等）等 4 大功能的几十种指标。

此外，世界粮农组织（FAO）全球森林资源评估以及《联合国气候变化框架公约》、《生物多样性公约》等均定期对森林生态状况进行监测评价，把握世界森林生态功能效益的变化趋势。日本等发达国家也不断加强对森林生态服务功能的评估，自 1978 年至今已连续 3 次公布全国森林生态效益，为探索绿色 GDP 核算、制定国民经济发展规划、履行国际义务提供了重要支撑。

我国高度重视森林生态服务功能效益评估研究，经过几十年的借鉴吸收和研究探索，建立了相应的评估方法和定量标准，为开展全国森林生态服务功能评估奠定了基础，积累了经验。

2008 年出版的中国林业行业标准《森林生态系统服务功能评估规范》，是目前世界上唯一一个针对生态服务功能而设立的国家级行业标准，它解决了由于评估指标体系多样、评估方法差异、评估公式不统一，从而造成的各生态站监测结果无法进行比较的弊端，构建了包括涵养水源、保育土壤、固碳释氧、营养物质积累、净化大气环境、森林防护、生物多样性保护和森林游憩等 8 个方面 14 个指标的科学评估体系，采用了由点到面、由各省（区、市）到全国的方法，从物质量和价值量两个方面科学地评估了中国森林生态系统的服务功能和价值。

数据源是评估科学性与准确性的基础，《中国森林生态服务功能评估》的数据源包括三类：一是国家林业局第七次全国森林资源清查数据；二是国家林业局中国森林生态系统定位研究网络（CFERN）35 个森林生态站长期、连续、定位观测研究数据集、中国科学院中国生态系统研究网络（CERN）的 10 个森林生态站、高校等教育系统 10 多个观测站，以及一些科研基地半定位观测站的数据集，这些森林生态站覆盖了中国主要的地带性植被分布区，可以得到某种林分在某个生态区位的单位面积生态功能数据；三是国家权威机构发布的社会公共数据，如《中国统计年鉴》以及农业部、水利部、卫生部、发改委等发布的数据。

评估方法采用的是科学有效的分布式测算方法，以中国森林生态系统定位研究网络建立的符合中国森林生态系统特点的《森林生态系统定位观测指标体系》为依据，依托全国森林生态站的实测样地，以省（市、自治区）为测算单元，区分不同林分类型、不同林龄组、不同立地条件，按照《森林生态系统服务功能评估规范》对全国 46 个优势树种林分类型（此外还包括经济林、竹林、灌木林）进行了大规模生态数据野外实地观测，建立了全国森林生态站长期定位连续观测数据集。并与第七次全国森林资源连续清查数据相耦合，评估中国森林生态系统服务功能。

评估结果表明，我国森林每年涵养水源量近 5000 亿立方米，相当于 12 个三峡水库的库容量；每年固持土壤量 70 亿吨，相当于全国每平方公里平均减少了 730 吨的土壤流失。

同时，每年固碳 3.59 亿吨（折算成吸收 $CO_2$ 为 13.16 亿吨，其中土壤固碳 0.58 亿吨），释氧量 12.24 亿吨，提供负离子 $1.68 \times 10^{27}$ 个，吸收二氧化硫 297.45 亿千克，吸收氟化物 10.81 亿千克，吸收氮氧化物 15.13 亿千克，滞尘 50014.13 亿千克。6 项森林生态服务功能价值量合计每年超过 10 万亿元，相当于全国 GDP 总量的 1/3。

《中国森林生态服务功能评估》从物质量和价值量两个方面，首次对全国森林生态系统涵养水源、保育土壤、固碳释氧、积累营养物质、净化大气环境与生物多样性保护等 6 项生态服务功能进行了系统评估，评估结果科学量化了我国森林生态系统的多种功能和效益，这标志着我国森林生态服务功能监测和评价迈出了实质性步伐。

需要指出的是，该评估也是中国森林生态系统定位研究网的定位观测成果首次被量化和公开发表。对森林多功能价值进行量化在中国早已不是一件难事，但在全国尺度上实现多功能价值量化却是国际上的一大尖端难题，这也是世界上只有美国、日本等少数国家才能做到定期公布国家森林生态价值的原因所在。

中国森林生态系统定位研究起步于 20 世纪 50 年代末，形成初具规模的生态站网布局是在 1998 年。国家林业局科学技术司于 2003 年正式组建了中国森林生态系统定位研究网络（CFERN）。经过多年建设，目前，中国森林生态系统定位研究网络已发展成为横跨 30 个纬度、代表不同气候带的 35 个森林生态站网，基本覆盖了我国主要典型生态区，涵盖了我国从寒温带到热带、湿润地区到极端干旱地区的最为完整和连续的植被和土壤地理地带系列，形成了由北向南以热量驱动和由东向西以水分驱动的生态梯度的大型生态学研究网络。其布局与国家生态建设的决策尺度相适应，基本满足了观测长江、黄河、雅鲁藏布江、松花江（嫩江）等流域森林生态系统动态变化和研究森林生态系统与环境因子间响应规律的需要。

中国森林生态系统定位研究网络的研究任务是对我国森林生态系统服务功能的各项指标进行长期连续观测研究，揭示中国森林生态系统的组成、结构、功能以及与气候环境变化之间相互反馈的内在机理。

　　在长期建设与发展过程中，中国森林生态系统定位研究网络在观测、研究、管理、标准化、数据共享等方面均取得了重要进展，目前已成为集科学试验与研究、野外观测、科普宣传于一体的大型野外科学基地与平台，承担着生态工程效益监测、重大科学问题研究等任务，并取得了一大批有价值的研究成果。此次中国森林生态服务功能评估，中国森林生态系统定位研究网络提供大量定位站点观测数据发挥了重要的作用。

　　基于全国森林资源清查数据和中国森林生态系统定位研究网络的定位观测数据，科学评估中国森林生态系统物质量和价值量，是森林资源清查理论和实践上的一次新的尝试和重要突破。这一成果是在今年首次对外发布的，有助于全面认识和评估我国森林资源整体功能价值，有力地促进我国林业经营管理的理论和实践由以木材生产为主转向森林生态多功能全面经营的科学发展道路。

　　虽然，大尺度森林生态服务功能评估在模型建立、指标体系构建和数据耦合方法等方面尚存在理论探索空间，客观科学评估多项生态功能还有许多工作要做，但在《中国森林生态服务功能评估》的基础上，客观、动态、科学地评估森林生态服务功能的物质量和价值量，对于加深人们的环境意识，加强林业建设在国民经济中的主导地位，促进林业生态建设工作，应对国际谈判，提高森林经营管理水平，加快将环境纳入国民经济核算体系及正确处理社会经济发展与生态环境保护之间的关系具有重要的现实意义。

摘自：《科技日报》2010 年 6 月 8 日第 5 版

# 一项开创性的里程碑式研究

## ——探寻中国森林生态系统服务功能研究足迹

### 导 读

生态和环境问题已经成为阻碍当今经济社会发展的瓶颈。作为陆地生态系统主体的森林，在给人类带来经济效益的同时，创造了巨大的生态效益，并且直接影响着人类的福祉。

在全球森林面积锐减的情况下，中国却保持着森林面积持续增长的态势，并成为全球森林资源增长最快的国家，这种增长主要体现在森林面积和蓄积量的 双增长 。

森林究竟给人类带来了那些生态效益？这些生态效益又是如何为人类服务的？如何做到定性与定量相结合的评价？林业研究者历时 4 年多，在全国 31 个省 ( 区、市 ) 林业、气象、环境等相关领域及部门的配合下，近 200 人参与完成了中国森林生态系统服务功能价值测算，对森林的涵养水源、保育土壤、固碳释氧、积累营养物质、净化大气环境和生物多样性保护共 6 项生态系统服务功能进行了定量评价。此项研究成果，不仅真实地反映了林业的地位与作用、林业的发展与成就，更为整个社会在发展与保护之间寻求平衡点、建立生态效益补偿机制提供了科学依据。 中国森林生态系统服务功能研究 成果自发布以来，备受国内外学术界关注。

十八大报告中指出，加强生态文明制度建设，要把资源消耗、环境损害、生态效益纳入经济社会发展评价体系，建立体现生态文明要求的目标体系、考核办法、奖惩机制。其中，对生态效益的评价，指的就是对生态系统服务功能的评价。

林业研究者历时 4 年多从事的森林生态系统服务功能研究，不但让人们直观地认识到森林给人类带来的生态效益的大小，而且从更高层面上讲，推动了绿色 GDP 核算，推进了经济社会发展评价体系的完善。在中国，这项研究被称为里程碑式的研究。

这项研究由中国林业科学研究院森林生态环境与保护研究所首席专家王兵研究员牵头完成。这项成果主要在江西大岗山森林生态站这个研究平台上孕育孵化而来，并在全体中国森林生态系统定位研究络 (CFERN) 工作人员的齐心协力下共同完成的。

这项研究的意义远不止如此。

日前，中国研究者关于《中国森林生态系统服务功能评估的特点与内涵》的论文发表在美国《生态复杂性》期刊上。业内人士普遍认为，这对中国乃至全球生态系统服务功能研究均具有重要的借鉴意义。

在系统研究森林生态系统服务功能方面，同样具有借鉴和指导意义的还有已经出版发行的《中国森林生态服务功能评估》《中国森林生态系统服务功能研究》。此外，这方面的中文文章也发表甚多。其中，《中国经济林生态系统服务价值评估》一文发表在 60 种生物学类期刊中排名第二位的《应用生态学报》上，文章获得了被引频 30 次 (CNKI)、排名第九的殊荣。

中国森林生态系统服务功能研究到底是一项怎样的研究，为何受到国内外学者的广泛关注？让我们跟随林业研究者的足迹，详实了解其研究过程以及取得的研究成果，通过这笔科学财富达到真正认识森林生态系统、保护森林生态系统的目的。

### 以指标体系为基础

指标体系的构建是评估工作的基础和前提。随着人类对生态系统服务功能不可替代性认识的不断深入，生态系统服务功能的研究逐步受到人们的重视。

根据联合国千年生态系统评估指标体系选取的 可测度、可描述、可计量 准则，国家林业局和中国林科院未雨绸缪，在开展森林生态系统服务功能研究之前，就已形成了全国林业系统的行业标准，这就是《森林生态系统服务功能评估规范》(LY/T 1721—2008)。这个标准所涉及的森林生态系统服务功能评估指标内涵、外延清楚明确，计算公式表达准确。一套科学、合理、具有可操作性的评估指标体系应运而生。

### 以数据来源为依托

俗话说 巧妇难为无米之炊 ，没有详实可靠的数据，评估工作就无法开展。这项评估工作采用的数据源主要来自森林资源数据、生态参数、社会公共数据。

森林资源数据主要来源于第七次全国森林资源清查，从 2004 年开始，到 2008 年结束，历时 5 年。这次清查参与技术人员两万余人，采用国际公认的 森林资源连续清查 方法，以数理统计抽样调查为理论基础，以省（区、市）为单位进行调查。全国共实测固定样地 41.50 万个，判读遥感样地 284.44 万个，获取清查数据 1.6 亿组。

生态参数来源于全国范围内 50 个森林生态站长期连续定位观测的数据集，目前生态站已经发展到 75 个。这项数据集的获取主要是依照中华人民共和国林业行业标准《森林生态系统定位观测指标体系》进行观测与分析而获得的。

社会公共数据来源于我国权威机构所公布的数据。

### 以评估方法为支撑

运用正确的方法评价森林生态系统服务功能的价值尤为重要，因为它是如何更好地管理森林生态系统的前提。

如果说 20 世纪的林业面对的是简单化系统、生产木材及在林分水平的管理，那么 21 世纪的林业可以认为是理解和管理森林的复杂性、提供不同种类的生态产品和服务、在景观尺度进行的管理。同样是森林，由于其生长环境、林分类型、林龄结构等不同，造成了其发挥的森林生态系统服务功能也有所不同。因此，研究者在评估的过程中采用了分布式测算方法。

这是一种把一项整体复杂的问题分割成相对独立的单元进行测算，然后再综合起来的科学测算方法。这种方法主要将全国范围内，除港、澳、台地区的 31 个省级行政区作为一级测算单元，并将每一个一级测算单元划分为 49 个不同优势树种林分类型作为二级测算单元，按照不同林龄又可将二级测算单元划分为幼龄林、中龄林、近熟林、成熟林和过熟林 5 个三级测算单元，最终确立 7020 个评估测算单元。与其他国家尺度及全球尺度的生态效益评估相比，中国在这方面采用如此系统的评估方法尚属首次。

### 以服务人类为目标

生态系统服务功能与人类福祉密切相关。中国林业科学研究院的研究人员通过 4 年多的努力，终于摸清了家底，首次认识到中国森林所带给人类的生态效益。如果将这些研究出来的数字生硬地摆在大众面前，很难让人们认识到森林的巨大作用。

聪明的研究人员将这些数字形象化地对比分析后，人们顿时茅塞顿开。2010 年召开的中国森林生态服务评估研究成果发布会上，公布了中国森林生态系统服务功能的 6 项总价值为每年 10 万亿元，大体上相当于目前我国 GDP 总量 30 万亿元的 1/3。其中，年涵养水源量为 4947.66 亿立方米，相当于 12 个三峡水库 2009 年蓄水至 175 米水位后库容量；年固土量达到 70.35 亿吨，相当于全国每平方公里土地减少 730 吨土壤流失，如按土层深度 40 厘米计算，每年森林可减少土地损失 351.75 万公顷；森林年保肥量为 3.64 亿吨，如按含氮量 14% 计算，折合氮肥 26 亿吨；年固碳量为 3.59 亿吨，相当于吸收工业二氧化碳排放量的 52%。

如此形象的对比描述，呼唤着人们生态意识的不断觉醒。当前，为摸清家底，全国有一半以上的省份开展了森林生态系统服务功能的评估工作。有些省份，如河南、辽宁、广东，甚至连续几次开展了全省的动态评估工作。

这项工作不仅仅是为了评估而评估，初衷在于进一步推进生态效益补偿由政策性补偿向基于生态功能评估的森林生态效益定量化补偿的转变。当前的生态效益补偿绝大多数都是为了补偿而补偿，属于政策性的、行政化的、自组织的补偿，并没有从根本上调节受益者和受损者的利益平衡。而现在借助于某一块林地的生态效益进行补偿，可以实现利用、维护和改善森林生态系统服务过程中外部效应的内部化。

对于这项研究工作的前期积累，国家林业局 50 个森林生态系统定位观测研究站的工作人员，不管风吹日晒，年复一年的在野外开展监测工作，甚至冒着生命的危险。在东北地区，有一种叫做蜱虫的动物，它将头埋进人体的皮肤内吸血，严重者会造成死亡。在南方，类似的动物叫做蚂蝗，同样会钻进人体的皮肤吸血。在这样危险的条件下，每一个林业工作者都不负重任、尽职尽责，完成了监测任务，为评估工作的开展奠定了坚实基础。

### 以经济、社会、生态效益相协调发展为宗旨

林业研究者认为，我们破坏森林，是因为我们把它看成是以一种属于我们的物品；当我们把森林看成是一个我们隶属于它的共同体时，我们可能就会带着热爱与尊敬来使用它。

传承着"天人合一、道法自然"的哲学理念，融合着现代文明成果与时代精神，凝聚着中华儿女的生活诉求，研究者们用了近两年的时间，对森林生态系统服务功能评估的特点及内涵等开展了深入分析和研究，对其与经济、社会等相关关系进行了尝试性的探索。

生态效益无处不在，无时不有。通过生态区位熵系数，进一步说明了人类从森林中获得多少生态效益，获得什么样的森林生态效益，获得的森林生态系统服务功能是优势功能还是弱势功能。这与各省、各林分类型所处的自然条件和社会经济条件有直接关系。林业研究者预测，在当前的国情和林情下，森林生态将会保持稳步增加的趋势，原因在于当前不断加强人工造林，导致幼龄林占有较大比重，其潜在功能巨大。

那么，生态效益与经济、社会等究竟如何协调发展？为了将森林生态系统服务功能评估结果应用于实践中，科研人员尝试性地选用恩格尔系数和政府支付意愿指数来进一步说明它们之间的关系，研究了生态效益与 GDP 的耦合关系等。

恩格尔系数反映了不同的社会发展阶段人们对森林生态系统服务功能价值的不同认识、重视程度和为其进行支付的意愿是不同的，它是随着经济社会发展水平和人民生活水平的不断提高而发展的。从另一方面也说明了森林与人类福祉的关系。

政府支付意愿指数从根本上反映了政府对森林生态效益的重视程度及态度，进一步明确政府对森林生态效益现实支付额度与理想支付额度的差距。这也从侧面反映了经济、社会、生态效益相协调发展的宗旨。

### 以生态文明建设为导向

森林对人们的生态意识、文明观念和道德情操起到了潜移默化的作用。从某种意义讲，人类的文明进步是与森林、林业的发展相伴相生的。森林孕育了人类，也孕育了人类文明，并成为人类文明发展的重要内容和标志。因此可以说，森林是生态文明建设的主体，森林的生态效益又是生态文明建设的最主要内容。通过森林生态效益的研究，凸显中华民族的资源优势，彰显生态文明的时代内涵，力争实现人与自然和谐相处。

## 结 语

森林生态系统功能与森林生态系统服务的转化率的研究是目前生态系统服务评估的一个薄弱环节。目前的生态系统服务评估还停留在生态系统服务功能评估阶段，还远远不能实现真正的生态系统服务评估。

究其原因，就是以目前的森林生态学的发展水平还不能提供对森林生态系统服务功能转化率的全方位支持，也就是我们不知道森林生态系统提供的生态功能有多大比例转变成生态系统服务，这也是以后森林生态系统服务评估研究的一个迫切需要解决的问题。

### 院士心语

当前，我国正处在工业化的关键时期，经济持续增长对环境、资源造成很大压力。在这些严重的生态危机面前，人类已经开始警醒，深刻认识到森林的重要地位和关键作用，并开始采取行动，促进发展与保护的统一，追求经济、社会、生态、文化的协同发展。如何客观、动态、科学地评估森林的生态服务功能，解决好生产发展与生态建设保护的关系，显得尤为重要。这对于加深人们的环境意识，促进加强林业建设在国民经济中的主导地位，提高森林经营管理水平，加快将环境纳入国民经济核算体系及正确处理社会经济发展与生态环境保护之间的关系，以及客观反映我国森林对全球气候变化的贡献，都具有重要意义。

——中国工程院院士　李文华

### 概念解析

（1）生态系统服务。从古至今，许多科学家提出了生态系统服务的概念，有些定义侧重于表达生态系统服务的提供者，而有些概念侧重于阐明受益者。通过对比科学家们提供的概念，中国林业科学研究院专家认为，生态系统服务是指生态系统中可以直接或间接地为人类提供的各种惠益。

（2）生态系统功能。生态系统功能是指生态系统的自然过程和组分直接或间接地提供产品和服务的能力。它包括生态系统服务功能和非生态系统服务功能两大类。

生态系统服务功能维持了地球生命支持系统，主要包括涵养水源、改良土壤、防止水土流失、减轻自然灾害、调节气候、净化大气环境、孕育和保护生物多样性等功能，以及具有医疗保健、旅游休憩、陶冶情操等社会功能。这一部分功能可以为人类提供各种服务，因此被称为生态系统服务功能。

非生态系统服务功能是指本身存在于生态系统中，而对人类不产生服务或抑制生态系统服务产生的一些功能。它随着生态系统所处的位置不同而发挥不同的作用，有些功能甚至是有害于人类健康的。例如木麻黄属、枫香属等树木，在生长过程中会释放出一些污染大气的有机物质，如异戊二烯、单萜类和其他易挥发性有机物 (VOC)，这些有机物质会导致臭氧和一氧化碳的生成。这样的生态系统功能不但不会为人类提供各种服务，还会影响到人类的健康，因此被称之为非生态系统服务功能。

摘自：《中国绿色时报》2013 年 2 月 4 日 A3 版

# 森林生态连清撑起退耕还林工程生态监测大数据

党的十八大以来，以习近平同志为总书记的党中央高度重视生态文明建设，先后出台了一系列重大决策部署。日前，中共中央、国务院印发《关于加快推进生态文明建设的意见》，进一步明确了加快推进生态文明建设的基本原则、实现路径。

《意见》指出，把生态文明建设放在突出的战略位置，加大自然生态系统和环境保护力度，不断深化制度改革和科技创新，建立系统完整的生态文明制度体系。

林业是生态文明建设的主体，在推进生态文明建设中责无旁贷地担当起了这一历史重任。

近年来，许多专家、学者围绕生态文明制度体系建设进行了探索。森林生态效益监测与评估首席科学家、森林生态连清技术体系的提出者与设计师王兵研究员就是其中一员。他提出的"森林生态连清"概念，开业界之先河，并将这一理论成功应用到退耕还林工程生态效益监测的两次国家报告中，为系统、科学地用数字反映退耕还林工程所取得的生态效益，提供了有力的支撑和保障。

今年两会，李克强总理在《政府工作报告》中提出，要推进重大生态工程建设，扩大天然林保护范围，有序停止天然林商业性采伐。今年新增退耕还林还草 1000 万亩，造林 9000 万亩。

作为迄今为止世界上最大的生态建设工程，中国最大的"强农、惠农"项目，退耕还林工程及其所取得的生态效益，再次引起两会代表委员的关注。

2014 年，国家林业局发布了《退耕还林工程生态效益监测国家报告（2013）》。这是我国针对林业重点生态工程开展的首个生态效益监测评估工作，第一次从国家层面，用数字反映退耕还林工程所取得的生态效益。今年 5 月，退耕还林工程生态效益监测再出国家报告。与第一次《报告》相比，《退耕还林工程生态效益监测国家报告 (2014)》在监测评估方法、指标体系选择等方面都进一步完善。

两次国家报告的技术依托均来自中国森林生态系统定位观测研究网络中心，技术理论采用的是森林生态系统服务功能全指标体系连续观测与清查技术体系，简称"森林生态连清"。那么，森林生态连清是一套怎样的技术体系，它提出的背景是什么，又是如何为退耕还林工程撑起了大数据?

### 森林生态连清的诞生——生态文明建设新要求

党的十八大报告集中论述了大力推进生态文明建设,其中在提到加大自然生态系统和环境保护力度时强调,要"增强生态产品生产能力"。

生态效益就是十八大报告中提到的生态产品,它包含涵养水源、保育土壤、固碳释氧、林木积累营养物质、净化大气环境、生物多样性保护和森林防护等方面。

党的十八届三中全会进一步指出,建设生态文明,必须建立系统、完整的生态文明制度体系,用制度保护生态环境,划定生态保护红线,实行资源有偿使用制度和生态补偿制度。

### 森林生态效益监测与评估首席科学家、森林生态连清技术体系的提出者与设计师王兵

近日,中共中央、国务院印发《关于加快推进生态文明建设的意见》,提出把生态文明建设放在突出的战略位置,以健全生态文明制度体系为重点,加大自然生态系统和环境保护力度。

一系列政策指向,凸显了加强生态保护,构建系统、完整的生态文明制度体系的重要性和紧迫性。

作为推进生态文明制度建设的创新举措,森林生态连清技术体系在这样的时代大背景下应运而生。

森林生态连清技术体系的提出者与设计师王兵说,森林生态连清是以生态地理区划为单位,以国家现有森林生态站为依托,采用长期定位观测技术和分布式测算方法,定期对同一森林生态系统进行重复的全指标体系观测与清查的技术。它可以用以评价一定时期内,森林生态系统的质量状况,以及进一步了解森林生态系统的动态变化。森林生态连清是生态文明建设赋予林业行业的紧迫使命和职能,可以为国家生态建设发挥重要支撑作用。

### 森林生态连清的构架——生态连清技术体系

正如任何一个社会科学或自然科学理论体系一样,森林生态连清体系也拥有一个比较复杂的构架,它主要由野外观测连清体系和分布式测算评估体系两大部分组成。

森林生态连清技术体系的内涵主要反映在这两大分体系中。野外观测连清体系是数据保证体系,其基本要求是统一测度、统一计量、统一描述。分布式测算评估体系是精度保证体系,可以解决森林生态系统结构复杂,涉及森林类型较多,森林生态状况测算难以精确到不同林分类型、不同林龄组及起源的问题;也可以解决观测指标体系不统一、难以集成

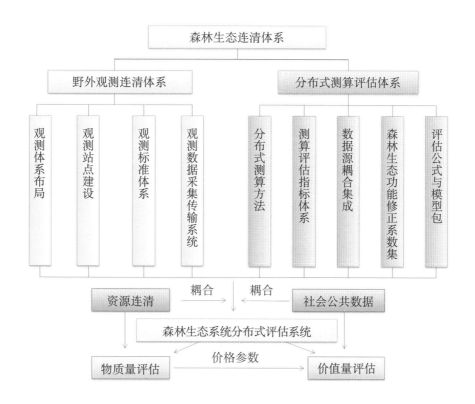

**森林生态连连清技术体系框架**

全国数据和尺度转化难的问题。目前这一技术体系已经成功地应用到退耕还林工程生态效益监测国家报告中。

### 森林生态连清的载体——森林生态站

野外观测是构建森林生态连清体系的重要基础，野外观测部分主要依靠森林生态站来完成。

早在 2005 年，我国就发布了中华人民共和国林业行业标准《森林生态系统定位研究站建设技术要求》（LY/T1626—2005）。2008 年，国家林业局发布了《陆地生态系统定位研究网络中长期发展规划（2008～2020 年）》。2014 年，国家林业局下发了《国家陆地生态系统定位观测研究站网管理办法》的通知。林业行业标准、规划及管理办法的制定，为森林生态站履行森林生态连清体系建设职能引领了方向，提供了切实的技术保障。

到目前为止，国家林业局所属的国家级森林生态站实现了我国 9 个植被气候区和 48 个地带性植被类型的全覆盖，组建了横跨 30 个纬度的全国性监测网络，形成了由南向北以热量驱动、由东向西以水分驱动的森林生态状况梯度观测网。

王兵说，依托全国的森林生态站，可以从技术层面满足不同层次的森林生态状况动态监测和科学研究的需求。

### 森林生态连清的基本法——观测标准体系

观测标准体系是森林生态连清的基本法。除了上面提到的《森林生态系统定位研究站建设技术要求》标准外，还包括观测指标、观测方法、数据管理、数据应用等一系列中华人民共和国林业行业标准。森林生态连清观测体系基于中华人民共和国林业行业标准《森林生态系统定位观测指标体系》（LY/T 1606—2003）。为完成森林生态连清的技术体系建设，王兵团队从 21 世纪初就开始了森林生态系统野外观测指标体系的研究，并根据气候带和不同区域的特点，同时建立了对寒温带、暖温带、干旱半干旱区、热带的观测指标体系，分别形成 4 个中华人民共和国林业行业标准，全面指导全国森林生态连清工作。

为准确完成指标观测，经过多年的实践，国家林业局于 2011 年发布了中华人民共和国林业行业标准《森林生态系统长期定位观测方法》（LY/T1952—2011）。它涵盖了所有观测指标的观测方法，使森林生态连清的具体操作有了依据。

此外，野外观测体系除了要考虑观测体系布局、观测站点建设、观测标准体系建设外，还要考虑观测数据采集传输系统的建立。为了保证森林生态连清观测数据的规范采集及传输，我国也制定了相关的林业标准，即《森林生态系统定位研究站数据管理规范》（LY/T1872—2010）和《森林生态站数字化建设技术规范》（LY/T1873—2010）。这两个行业标准，对森林生态站各种数据的采集、传输、整理、计算、存档、质量控制、共享等进行了规范要求，并按照同一标准进行观测数据的数字化采集和管理，实现了森林生态连清观测数据的自动化、数字化、网络化、智能化和可视化，为全国森林生态站联网观测奠定了坚实基础。

### 森林生态连清的格局——分布式测算方法

森林生态连清的测算是一项非常庞大、复杂的系统工程，研究人员该如何从野外观测的各种数据中得出科学的结论？

以王兵为首的科研团队经过反复试验证明，把依托全国森林生态站获取的森林生态连清数据划分成多个均质化的生态测算单元开展评估，是一种可行的途径。因此，王兵提出了分布式测算方法，成为目前评估森林生态系统服务较为科学有效的方法。通过 2013 年和 2014 年两次退耕还林工程生态效益监测评估证实，分布式测算方法能够保证结果的准确性及可靠性。

以 2014 年长江、黄河中上游流经省份退耕还林工程生态效益评估分布式测算方法为例，其分布式测算方法包括 5 个步骤：按照退耕还林工程省级区域划分为 13 个一级测算单元；每个一级测算单元按照市级区域划分成 163 个二级测算单元；每个二级测算单元再按照不同退耕还林工程植被恢复类型分为退耕地还林、宜林荒山荒地造林和封山育林 3 个三级测算单元；按照退耕还林林种类型将每个三级测算单元再分为生态林、经济林和灌木林；最

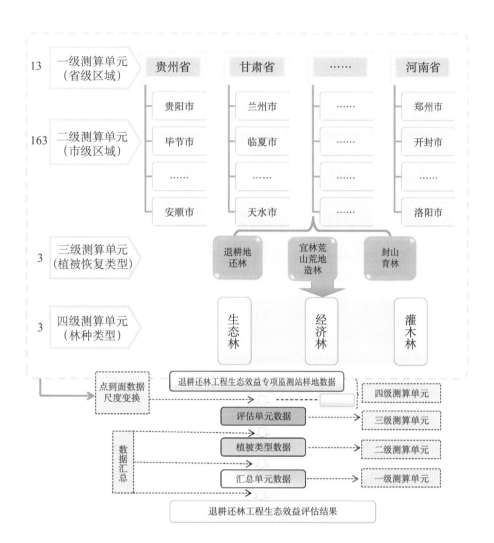

后结合不同立地条件的对比观测，确定 1467 个相对均质化的生态效益评估单元。

除分布式测算方法外，分布式测算评估体系的建立也非常重要。分布式测算评估体系包含分布式测算方法、测算评估指标体系、数据源耦合集成、森林生态质量修正系数集和评估公式与模型包，彼此间密不可分，缺一不可。

### 森林生态连清的标尺——评估指标体系

2008 年，在满足代表性、全面性、简明性、可操作性以及适应性等原则的基础上，王兵团队起草了中华人民共和国林业行业标准《森林生态系统服务功能评估规范》(LY/T1721—2008)。测算评估指标体系由国内外公认的涵养水源、保育土壤、固碳制氧、营养积累物质、净化大气环境、森林防护、生物多样性保护和森林游憩 8 个主要功能 14 个指标组成。

在《退耕还林工程生态效益监测国家报告（2014)》中，测算评估指标体系以《森林生态系统服务功能评估规范》为依据，选用了包括涵养水源、保育土壤、固碳释氧、林木积累营养物质、净化大气环境、生物多样性保护和森林防护 7 项功能、14 类指标、42 个评估公式与模型包。新报告增加了防风固沙评估指标，并将退耕还林营造林吸滞 TSP 和 PM$_{2.5}$，从净化大气环境的滞尘指标中分离出来，进行了单独评估。而对新指标的监测，主要依托各地的森林生态站来完成。

数据源是评估科学性与准确性的基础。分布式测算评估体系中的数据源包括森林生态连清数据集、森林资源连清数据集和社会公共数据集 3 个方面。为解决森林生态数据不可能全部通过实测手段获取的问题，研究人员还创造性地提出了森林生态功能修正系数，客观反映了在同一区域内同一林分类型森林生态质量状况的真实差异。

### 森林生态连清的实践——让退耕还林生态效益明明白白

位于江西省分宜县的大岗山国家级森林生态站是我国最早成立的森林生态站之一，也是科学技术部与国家林业局的国家级生态站。

王兵说："为了让退耕还林生态效益明明白白，我们通过全国布设的各个示范监测站点，将森林生态连清技术应用于退耕还林工程生态效益评估、森林生态系统服务评估、绿色国民经济核算、林业资源资产负债表等，形成了布局科学的中国森林生态连清技术体系，取得了显著成效。"

他说，国家林业局林业公益性行业科研专项"东北森林生态要素全指标体系观测技术研究"启动就是一个例子。这个项目基于中国森林生态系统定位观测研究网络（CFERN）的东北典型森林生态站，依据森林生态连清标准体系，正在构建东北森林生态要素全指标体系连续清查技术，开发东北森林生态连清要素全指标体系观测数据库。

为了让退耕还林生态效益明明白白，我国首个森林生态连清技术示范地在长白山诞生。它成为完成东北地区退耕还林生态效益监测、东北生态 GDP 核算的范例。

2014 年，是我国全面深化改革的开局之年，也是新一轮退耕还林工程实施元年。国务院批准实施《新一轮退耕还林还草总体方案》，成为我国全面深化林业改革的又一重大突破。新方案的实施，进一步督促国家林业局做好退耕还林生态效益评估工作。

国家林业局退耕还林（草）工程管理中心主任周鸿升表示，通过核查可得知工程的落实情况，促进退耕还林任务的落实；通过监测，能掌握工程对生态环境变化构成的影响，可以为受损生态系统的恢复和重建提出科学依据，特别是为启动新一轮退耕还林提供了极大的正向推力，为更好地贯彻落实生态林业和民生林业建设要求，提供了有力的支撑和保障。

《退耕还林工程生态效益监测国家报告（2014）》显示：截至 2014 年年底，长江、黄河中上游流经的 13 个省份退耕还林工程生态效益物质量评估结果为：年涵养水源 307.31 亿立方米、年固土 4.47 亿吨、年保肥 1524.33 万吨、年固定二氧化碳 3448.54 万吨、年释放氧气 8175.71 万吨、年林木积累营养物质 79.42 万吨、年提供空气负离子 $6620.86 \times 10^{22}$ 个、年吸收污染物 248.33 万吨、年滞尘 3.22 亿吨（其中，年吸滞 TSP2.58 亿吨，年吸滞

PM$_{2.5}$1288.69 万吨）、年防风固沙 1.79 亿吨。按照 2014 年现价评估，13 个省级区域退耕还林工程年生态效益价值量为 10071.50 亿元。

退耕还林生态效益监测工作和森林生态站实现了统一标准、统一管理、统一监测方法，对于科学监测、系统评价退耕还林取得的生态效益具有重要意义。这是森林生态连清技术应用于国家林业重点工程的又一次成功尝试。

摘自：《中国绿色时报》2015 年 5 月 21 日